彩绘
动物百科

动物原来是这样

超忠实的狗狗们

蔡琳杉／编著

煤炭工业出版社

·北　京·

图书在版编目（CIP）数据

超忠实的狗狗们／蔡琳杉编著．－－北京：煤炭工业出版社，2014

（动物原来是这样）

ISBN 978－7－5020－4440－4

Ⅰ．①超…　Ⅱ．①蔡…　Ⅲ．①犬—普及读物　Ⅳ．①S829.2－49

中国版本图书馆 CIP 数据核字（2014）第 026237 号

煤炭工业出版社　出版

（北京市朝阳区芍药居 35 号　100029）

网址：www.cciph.com.cn

三河市汇鑫印务有限公司　印刷

新华书店北京发行所　发行

*

开本 720mm×1000mm$^1/_{16}$　印张 8

字数 118 千字　印数 1—5 000

2014 年 11 月第 1 版　2014 年 11 月第 1 次印刷

社内编号 7272　定价 24.80 元

目录

目录

目录

动物档案

爱尔兰猎狼犬

栖息地：爱尔兰

体型：超大型犬

世界上最高大的犬

　　爱尔兰猎狼犬是巨型犬，也是世界上体型最大的动物。从外观上看，爱尔兰猎狼犬和灵缇犬长相很相似，身体比较结实，肌肉发达，尾巴后垂，头部高高昂起，姿态很是优雅。爱尔兰猎狼犬身上披着粗硬的毛发，非常杂乱。爱尔兰猎狼犬最大的特点就是力量巨大，动作敏捷，是爱尔兰人捕狼的好助手。

● 嗅觉中的"美食家"

　　当我们从厨房走过，强烈的刺鼻味让我们知道"哦，这是在炒辣椒"。锅里面还有些什么，我们很难全部说清。爱尔兰猎狼犬却有这样的本领，它能够闻出里面的鸡蛋、肉、圆葱、芹菜等所有配料的味道，如果给它一堆图片，它能从这些图片中选出正确的答案。爱尔兰猎狼犬之所以能够在多种混合的气味中找出每一种味道，是因为它给每一种味道分了很多层，每一层是什么都一清二楚。当它闻出味道，眼前自然就会呈现出嗅觉分层图，按图索骥，做出快速的反应。

● 狩猎中的特战先锋

　　爱尔兰猎狼犬在与主人一同外出狩猎时，主人一个"去寻找猎物！"的手势，它就会立刻进入工作状态。先是在周围嗅嗅，然后再仔细观察树丛中的变化，通过猎物残留在空中的气味还有运动的轨迹，从而判断出猎物的方向。然后，再慢慢靠近猎物，回头看看主人，给他一个"猎物在此"的表情。

● 喜欢也是有距离的

成年的爱尔兰猎狼犬非常有自知之明，当它的主人让它看护小主人时，它通常会表现得小心翼翼。事实上，它非常非常喜欢小主人，可是它也知道自己是个大块头，一个不小心就会把小主人撞伤。所以，在与小主人玩耍时，都会离开一段距离，并且动作也会和缓许多。

● 我喜欢看动物世界

电视，爱尔兰猎狼犬也喜欢看。尤其是当有动物的画面出现时，它马上对着电视"汪汪"吠叫，似乎在说："我喜欢，我喜欢！"后来它发现了有个叫《动物世界》的栏目全都是动物，于是这个栏目就成为它的心头好。它总能清楚地记得栏目的播出时间，一到时间就会咬着遥控器提醒主人换台。其实，对于爱尔兰猎狼犬来说，电视里的图像是不够真实的，那些图像总是在不停地闪动，它觉得有些莫名其妙。可是，电视上的动物不一样，它认得它们，知道它们是跑是跳，知道它们脸上的表情和眼神中所表达的意思。

动物档案

安娜图牧羊犬

栖息地：土耳其

体型：大型犬

无与伦比的警卫犬

安娜图牧羊犬的身体结构比较匀称，体型结构也非常合理。安娜图牧羊犬的头部比较结实，肌肉发达，骨骼粗壮，尾巴长且上翘，经常会卷成一个"车轮"的形状，有着很强的耐力。安娜图牧羊犬的眼睛是分开的，为暗褐色，杏仁状，眼睛里都流露出智慧的神采。安娜图牧羊犬的毛色多种多样，但是最常见的还是一张黑色的面具脸，配上一身浅黄色的戎装，很是惊奇。

● 我用如火的热情来吸引你

安娜图牧羊犬在郁闷的时候，常常会用如火一般的热情引起主人的注意。在主人下班一进家门时，它会飞扑到主人的怀里，亲吻主人的脸颊；主人空闲时，它会喋喋不休地跟主人絮叨自己一天的生活。它也知道主人听不懂自己的话，但安娜图会想方设法让主人听懂。你看，主人拿着项圈来了，自己的热情还是没有白费！说出让主人心疼的言语果然能换来更多的关心，以后还要再接再励啊！

● 请听听我的语言

安娜图牧羊犬想在主人面前发表自己的意见，会用吠叫来提醒主人；示警时，它会用严厉的嗓音不停地吠叫，一方面可以让主人听见，一方面警告入侵者。如果是想传达某种信息，如家里来了熟人，它就用欣喜的吠叫来欢迎客人，主人听到这样的声音就知道家里来客人了。当主人出来迎接客人时，一个"安静"的眼神就可以让安娜图乖乖地停止吠叫。因为，它知道家里来人，主人要待客，而它不能给客人留下不好的印象。

●牧羊御敌两不误

安娜图很聪明，每一只羊都别想从安娜图的眼皮底下溜走。它知道这些羊的习性，能从羊的每个动作来判断它们到底想干什么，是吃饱了还是想往哪里走。安娜图平时静静地趴着，双眼微闭，神情很是放松。可是当有外敌踏入它的领地时，它会立刻站起来巡视，并驱赶羊群远离危险地带，同时给主人示警。得到主人的哨音指示后，会不停地在危险地带跑动，以防止外敌突然使用暴力。等外敌看到实在无处下手无奈撤退后，安娜图才会把它紧绷的那根弦儿放下，从容返回岗位。

●放风的时间是求之不得

安娜图牧羊犬知道主人的时间很宝贵，而它又那么喜欢运动，所以在主人有时间带其外出运动时，它会表现得很亢奋。先高兴地跳上几跳，再轻松地跟主人做几个小游戏，然后开足马力跑上几圈。时间宝贵，总要充分利用好呀！

动物档案

澳大利亚丝毛梗

栖息地：澳大利亚

体型：小型犬

开朗顽皮的小可爱

澳洲丝毛梗是小型犬，体态轻盈，性情活泼。澳洲丝毛梗的双耳竖立，头骨非常宽，背部比较平直，眼睛又细又小，很是可爱。澳洲丝毛梗的披毛比较长，随意地从背部垂散下来，富有光泽。澳洲丝毛梗的体色有黄、灰、蓝、银等，色彩众多，惹人喜爱。

● 气氛的调节器

澳大利亚丝毛梗看到爷爷奶奶在家里冷冷清清地待着，气氛欠佳时，它就利用自己的天真和活泼让他们开心起来。它知道自己的可爱模样在老年人心里还是很吃得开的。当爷爷想看报时，它就给爷爷拿老花镜；当奶奶想听戏时，它马上叼着广播过来；当午饭时，它又跟前跟后的帮忙，叼根菜，拿个洗菜筐之类的。总之，就是想让孤单的爷爷奶奶时时刻刻看到它，让他们不觉得孤单。

● 不喜欢就是不喜欢

澳大利亚丝毛梗的自我意识特别强烈，当它不喜欢某件东西时，即使你把这件东西放在它眼前，它也会把东西挑出来放到你的眼前，并用"我不喜欢，非常不喜欢"的表情看着你，眼神坚定且带着一丝倔强。同样，它要是碰上一件它喜欢的东西，就会想方设法弄到手，即使主人藏起来，它也能把东西刨出来。

●没有丑狗狗，只有懒狗狗

澳大利亚丝毛梗似乎知道自己的美丽，对自己那如丝般光泽顺滑的毛发倍加爱护，每日都要梳理，还要定期洗澡。如果主人因工作忙而忘记，它会在主人休息的第一时间给予提醒。比如会拿来毛刷放在主人的手里或者拖着它的澡盆，来示意它该洗澡了。

●看我的分身术

主人让它看着从超市买来的物品，可是它发现距离十米的地方有一只美丽的澳大利亚丝毛梗异性在跟它打招呼，这怎么办呢？回头看看主人，还没有踪影，它会想："先过去看看，就一会儿，一会儿马上回来。"然后，它迅速地跑过去跟人家攀谈，还时不时地注意着主人的动向，当看到主人回来时，它又马上告别美人飞奔回主人的身边。为了避免主人的责备，它会装成若无其事的样子，睁着一双亮晶晶的眼睛迎接主人，仿佛刚才没有离开过一样。当和主人一起离开的时候，它还会跟之前的美人用眼神告别。

动物档案

英国古代牧羊犬

栖息地：英国

体型：中型犬

独具风格的古牧

英国古代牧羊犬的体型比较健壮，呈正方形，十分迷人。英国古代牧羊犬的毛发比较厚且浓，但是并不会给人杂乱无章的感觉。英国古代牧羊犬刚出生的时候，全身都覆盖黑色和白色的毛发，好像大熊猫一样，幼毛褪去之后，才会出现银灰色的毛发。不过美国的养狗俱乐部规定，要想参赛，英国古代牧羊犬一定要断尾才行，非常残忍。

●我也需要你们的关怀

英国古代牧羊犬总是乐观、愉快地对待生活，它渴望得到每一位家庭成员的关怀。工作忙碌的主人，让英国古代牧羊犬在生活中倍感孤单。所以，每当主人回家时，它总是一听到主人汽车引擎的响声就会飞奔出去迎接。它会用舌头使劲地舔主人，舔到主人满身都是口水才罢休。英国古代牧羊犬用这种方式来表达它的高兴和寂寞，让主人知道它是有多么高兴见到主人。不论主人离家多久，它都会热情如初。主人在家里不论做什么它都会一声不吭地陪在边上，平静地看着主人。

●只可意会的语言

英国古代牧羊犬表达情感的方式有些特别，无需和主人"汪汪"大叫，只要一个眼神主人就明白它的意思。在它浑身颤抖，四肢不安地来回移动或是待在原地不动时，你向它靠近，它就会后退，这是它在恐惧；如果它身体僵直，四肢用力跺地，上唇咧开露出牙齿，嘴里还"呼呼"地发出威胁声，这是它在表达的愤怒，此时最好与它保持一定距离，它这是真怒了。当它们用力地扭着它们的大屁股并且还吐着舌头向主人"哈哈"地撒娇时，那是说它现在很快乐，并且愿意把这份快乐跟主人一同分享。当它哀伤时，它会低着头向主人靠拢，有时也会躲到墙角或凳子下面等让它感觉安全的地方，这时它会变得极安静。

●少年不知愁滋味

长大后的英国古代牧羊犬聪明温和、大胆机敏，行为举止非常得体。不过，这个家伙小时候却是个顽皮的小鬼，总是喜欢乱跑乱跳，精力旺盛得不得了。人前人后截然不同。当主人在家的时候，它会装成乖宝宝，不吵也不闹，不是在主人身边安静地趴着就是睡大头觉；可是如果主人不在家，那真是猴子当霸王了，家里的东西它是乱丢一气，还会爬上主人的床，报纸书籍也没能逃过劫难而变成一堆碎片。随着它的不断成长，它似乎也逐渐认识到了自己的不足，慢慢地变成安静的样子。

动物档案

英国跳猎犬

栖息地：英国

体型：中型犬

乐于服从的猎鹬犬

英国跳猎犬是一种中型犬，双耳下垂，身材比较匀称，是运动犬的一种。英国跳猎犬整体给人以美的享受，身躯富有力量，神情迷人温雅。当英国跳猎犬到达最佳状态时，他的身躯是极为放松的，线条平稳，对人热情。英国跳猎犬的体色有两种，一种为黑白色，另一种就是红白色，也就是我们经常说的咖啡色。

●妈妈您等等我

英国跳猎犬非常聪明、感性，在它还是幼犬时就表现出了这些特点。比如它想得到妈妈的注意，就会不停地哀叫。等到妈妈来到身边，它会奉拉着脑袋，舔舔妈妈的脸鼻唇，还会摇摆自己的尾巴，有时候还跳起来面对妈妈的脸，让妈妈更加清楚地看着它；妈妈离开时它也紧紧跟随，还会用爪子抚摸妈妈等。这一系列举动都是它想获得关爱的具体表现，从来没有人教过它，可以说是无师自通。

●你愿意我没意见

英国跳猎犬对主人忠诚，性情非常温顺，这点让许多猎人都喜欢。因为只有对主人忠诚，对于主人的命令它才愿意无条件地服从。正因为如此，主人才能更好地控制它，不致让它们出现逆反心理。即使让它们跟同类合作，它们也能答应。

●鼻子的气味采集

英国跳猎犬在与主人一同狩猎时，总能发挥其灵敏的嗅觉优势。那它们到底是如何采集气味的呢？英国跳猎犬采集气味并不是单纯等待气味飘进鼻子内，而是主动将气味从环境中采集出来。它先是自由地移动或摆动鼻孔，然后再以此来判断气味的来源。还可以把鼻子向传来气味的方向嗅闻，在嗅闻时终止正常的呼吸，以便气味能够在鼻腔内停留积累，这段时间它可以解读空气中的成份，辨别方向。

动物档案

苏格兰梗

栖息地：英国苏格兰

体型：小型犬

苏格兰小子

苏格兰梗是小型犬的一种，长相出众，有着永远也用不完的精力。苏格兰梗头部高高昂起，头型比较细长，眉毛很长，耳朵小且直立，鼻子非常大。苏格兰梗的肌肉非常发达，四肢强壮有力，尾巴上卷，毛发粗硬，腹部的毛发非常长，可以拖到地上。苏格兰梗的体色主要有四种：黑色、麦色、红褐色和浅黄褐色。

● 同类中的孤家寡人

苏格兰梗自信谨慎，对人温和友爱，但它却很难与同类融洽相处。它的力量非常大，常常看似很小的动作，到了朋友身上就变成了大动作，继而衍生出如吵闹打架等一系列暴力事件。事后，它就会认真思考争吵的原因，于是为了减少矛盾的发生，它就不再和同类玩了，一来不麻烦，二来也让主人能更省心。

● 具体表现具体分析

苏格兰梗是一个有判断力力和主见的狗狗。你看它对谁都像老好人似的，可如果突然出现一只挑衅的狗狗，它会根据这只狗的具体表现来做出判断。挑衅狗如果是嚣张的大型狗，它们也会毫不退缩，勇敢地迎战，也许不能赢，但是态度要摆明。如果是只别扭的大型狗狗，想要参与到它们中间来，那它就会给个机会，大家交个朋友嘛！

●实力派的哑星

苏格兰梗高贵而自信，它无论何时都是以抬头昂尾的姿态出现在人们面前，就像一个明星在接受采访一般。不过，它确实是一个电影明星。它凭借出众的外貌参演过电影，虽然它不会说话，可是它通过动作、眼神和表情等同样可以展现给观众一个不用说也能到达心灵的语言。这就叫"无声胜有声"。

动物档案

巴吉度猎犬

栖息地：法国

体型：小型犬

深入人心的短脚大耳朵狗

巴吉度猎犬产于法国，身体比较长，腿部比较短，双耳比较大且下垂，鼻子嗅觉敏锐。巴吉度猎犬的皮肤富有弹性，体色主要由黑色、白色和黄褐色构成，耐力比较持久，可以长时间地追捕猎物，是捕猎的好帮手。

● 委屈是我的招牌表情

看到巴吉度那双小短腿、长长的大耳朵、浑身松弛的皮肤，再加上一双可以秒杀一切的忧郁表情，就是再狠心的人也会变得柔软。它对自己的招牌表情很是能驾轻就熟，时常用以达到某种目的。如果巴吉度想要主人陪它一起玩儿，它就会叼着喜欢的玩具到主人的面前，也不叫也没有动作，只是静静地站在那里用那委屈的小眼神看着你，不明所以的人还以为怎么样了呢！

● 我是一只兴趣古怪的狗

巴吉度的嗅觉很敏锐，搜索物品可是很在行的，特别是一些有特殊气味的物品。巴吉度对特殊的气味都非常执着，只要它闻到过，并且觉得有趣、很喜欢的气味，它都会牢牢记住，不管这个气味在哪里，它都能找到。

13

●执着才是我的特性

由于巴吉度的小短脚，导致它行动较同类缓慢，但是缓慢却不代表笨拙，相反它的耐力却非常好，头脑也非常聪明，千万别被它如蹒跚老人般的行走方式和滑稽的外表给蒙蔽。要是主人把它喜爱的玩具藏起来，它会极有耐心地把以前主人放玩具和藏玩具的地方一个一个找过，如果都没有，则转移目标到那些可能藏玩具的容器中，直到把玩具找出来为止。

●外出才是我最终的目的

如果长时间孤单地待在一个封闭的空间中，它会变得非常焦虑、暴躁，会大叫着向主人抗议。当看到主人不赞同的表情时，它就会立刻停止行动，但还是会露出委屈、沉默的表情向主人示意它受到的不公平待遇。抗议后的结果，通常是以巴吉度的外出遛弯为最后的胜利。

动物档案

巴仙吉犬

栖息地：埃及

体型：小型犬

不会吠叫的狩猎犬

巴仙吉犬的头部有皱纹，像位高龄的老爷爷，颈部呈圆拱形。巴仙吉犬的背部比较短，体态轻盈，和身体其他部位比较，巴仙吉犬的腿较长一些，尾巴上卷，整体表现出一种优美而又温雅的气质。体色有黑、竭、白、黑白、粟色与白色等多种颜色。

● 我要叫起来你就要小心了

与喜欢吠叫的澳洲梗不同，巴仙吉犬奉行是"沉默是金"的原则。不过，主人可不要把巴仙吉犬当成个哑巴哦，它不仅不是哑巴，而且叫声还很奇特，只是很少有人能够听到。一般都是在关键时刻，如感到强烈的危险来袭，或是主人遇到了麻烦时，它才张开金口。也正因为如此，只要它叫，主人就相信一定是有什么重要的事情发生了。原来，聪明的巴仙吉犬深知"好钢要用到刀刃上"的道理啊！

● 偷来的技艺

相信不少人都看过猫是如何洗脸的，那么谁看过狗狗洗脸呢？巴仙吉犬本身就是一个非常爱干净，讲卫生的好同志。它忍受不了不洗脸就出门，这可有关它面子的问题。可是，主人没时间帮它，怎么解决这个问题呢？没关系，咱向对手学习，看人家猫儿洗脸就不错，咱也跟着学！于是，无法忍受不洗脸的巴仙吉犬向猫偷学来了用前肢洗脸的本领，这也解决了它好面子的问题。虽然猫狗不合已久，但是看来这并不妨碍它们之间的交流。这讲卫生的习惯就应该发扬的嘛！

●金字塔尖上的指挥权

如果主人同时养着几只爱犬的话，巴仙吉犬总是会让同类听它的话。它有强烈的指挥和支配欲望。如果是一些弱小乖巧的同类还好说，巴仙吉犬总能通过威吓、诱导同类听从它的指挥，可一旦遇到不服从或是挑衅者，那深藏骨血之中的本能就会告诉巴仙吉：只有勇敢面对，才能取得胜利。即使巴仙吉犬在决斗中输了，但它会再接再励的。

●社交能力要从娃娃抓起

巴仙吉犬个性活泼开朗，极喜欢与人亲近，有时会跟主人耍耍小顽皮，对待儿童和老人尤为和善。这种和善的能力可是巴仙吉犬重要的本领，当它还是狗娃娃的时候，妈妈就开始教育它。如果遇到什么困难或是想要有人陪伴的话，找它们准没错。小朋友跟它们做游戏，爷爷奶奶跟它们聊聊天，生活是多么的美好啊！

●我思，故我在

安静的巴仙吉让人感觉就是一个思想者，喜欢在房子周围慢慢散步，真以为它在思考什么高深的问题。如果陌生人从处于此种状态的巴仙吉犬身边走过，对它来说那都是天上的浮云，偶尔会吝啬地扫上一眼，以表示："哦，他从这里走过。"别看它安静如思，一旦发现有什么异常，它马上就会扭转状态，敏捷地冲出去查看情况。全速奔跑起来的巴仙吉颇有赛马在草原上奔跑之势。"静若处子，动如脱兔"，用在它们身上一点儿也不离谱！

动物档案

比利时坦比连犬

栖息地：比利时

体型：中型犬

浑然天成的魅力

比利时坦比连犬的身型比较匀称，头部和颈部都高高昂起，很是温雅。比利时坦比连犬的身体呈正方形，腿部肌肉比较发达、结实，给人的感觉是比较厚重但并不笨重。比利时坦比连犬的雄性则流露出阳刚的气质，而雌性则是展现出柔美的气质，搭配刚好，很是自然。所以再给比利时坦比连犬拍摄的时候，并不需要它刻意摆什么造型，因为它本身的造型就已经很完美了。

●胆小鬼也能变成勇士

谁说胆小鬼不能变成勇士，比利时坦比连犬就用事实说明了问题。比利时坦比连小时候是一个非常文静、乖巧和胆小的家伙，对家里熟悉的人还好些，一旦接触到陌生环境和陌生人就会变得很胆怯。每当它胆怯的时候，主人总是给予它安慰和关心。可是，它知道主人并不开心。渐渐地，它知道了主人是希望它能勇敢一些，就像它经常在外面碰到的那些狗狗一样开心、健康。为了主人，也为了自己，它试着敞开心扉，逐渐地接纳新的事物，慢慢发现原来快乐和勇敢也是很容易的事。

●一切行动看暗号

聪明机警的比利时坦比连犬可是放牧的高手，当然这份成绩也是在主人的英明领导下才取得的。主人吹着哨，手里不停地变换手势，这都是在给它下达命令，别人看不懂，它能看懂。这个哨是让它把羊群赶得远一些，那个手势是让羊群分散开采食……不同的哨音和手势代表不同的意思，想要完全记住，绝对需要一个良好的记忆力，这可难不倒我们的比利时坦比连。

●时刻准备才是我的状态

比利时坦比连犬很讨人喜欢，对主人也非常忠诚。主人如果在家，它就喜欢黏着主人。主人跟它说话聊天，它会挺胸抬头认真倾听，有时候还会发表发表意见，尽管主人经常把它的意见置之度外。当主人休息时，它会在主人的身边充当警卫员，守护主人的安全。它在黑夜中时刻保持警惕，就是微风吹过，它都能听到，一旦有异常，它立刻站起察探。察探后如果发现只是虚张声势，它就回到警卫的位置继续执勤；如果真的有入侵目标物，就马上会大叫，并与之搏斗。

动物档案

卷毛比熊犬

栖息地：地中海

体型：小型犬

天性活泼的小可爱

卷毛比熊犬是一种小型犬，头部圆形，眼睛又黑又圆，煞是惹人喜爱。卷毛比熊犬的毛发呈卷曲状，这就需要它的主人时常给它修剪一下，否则就像个小疯子一样。卷毛比熊犬不运动的时候，就好似一个毛茸茸的小玩具；而它运动玩耍的时候，又像一团奔跑的棉花糖。它大部分体色为白色。

●对付首领有绝招

卷毛比熊犬对自己的主人是绝对的忠诚与服从。当它惹主人生气或是主人不高兴时，它就会躺在那里，露出自己的肚子做投降状。因为肚子是它最大的弱点，它把自己的弱点袒露到主人面前就是想告诉主人："主人，别不高兴了，我以后都听你的还不行吗？"这是绝对的服从信号。一招试过，发现主人没有动摇，它马上又会实行另一套方案：尾巴向后伸直，塌着耳朵，趴在地上，还会哀怨地望着主人。那小眼神儿，让你心软得一塌糊涂，就是再狠心的人也无法真的狠下心来。

●快乐往往很简单

天性活泼的卷毛比熊犬，性格开朗、感情丰富，总是带给主人惊喜和无穷的快乐。它的快乐很简单，无处不在。每天定时外出奔跑、在家散步、与主人静心读书听音乐，都是它的快乐。即使来到陌生的环境，它也能很快地适应并寻找到新的快乐。不会因为环境而变得萎靡不振，因为它非常藐视那些因胆怯而不敢面对现实的人。

●主人身后的"影子"

卷毛比熊犬对主人非常依赖，平常没时间相处，到了主人休息的时候，它就会变得特别黏人，主人走哪里它就跟到哪里。如果你问它会不会感觉到无聊，卷毛比熊犬肯定回答你"否"。其实，它喜欢当影子的原因就像喜欢做游戏一样，看着主人左、右脚跟不停地变换，它也跟着跑来跑去，左脚跑到左边，右脚跑到右边，并且它还不是平行跑，还是像走8字一样画着花儿地跑，这样游戏非常有意思。

动物档案

边境牧羊犬

栖息地：苏格兰边境

体型：中型犬

高智商牧羊能手

边境牧羊犬的双眼分得比较开，呈卵形状，双耳中等大小，多半是直立或者是半立状态，脑袋长度和前脸的长度相等。边境牧羊犬的身躯比较健壮，骨骼比较发达，胸部较深，宽度适中，尾巴下垂，兴奋的时候，它的尾巴会高高举起，尾部有漩涡。体色为黑白相间。

● 反思是个好习惯

边境牧羊犬除了学习和能力强外，它的反思能力也很强。如果在工作中出现了失误，主人会对它进行严厉的批评。虽然很委屈，但都是自己的错误，它就会好好想想：自己到底哪里出现了错误，并且告诉自己以后相同的情况下不会重犯，坚决杜绝两次踏入同一条河流的惨剧发生。

● 狗中的推理高手

有研究者发现边境牧羊犬不仅聪明还会利用头脑来推理。如果边境牧羊犬在进食时没有吃饱，而主人又不给它加餐的时候，它就会自己想办法。主人放食物的地方，它可是都知道的，"你不让吃我就偷偷地吃"。如果被主人发现并给予严厉呵斥，它就会先乖乖地停下来。心想，主人也不可能没事儿就一直训斥它，总会有别的事情的。好巧，一通电话打来，主人去接电话了。边境牧羊犬发现主人的注意力已不在它身上，意识到这是个好机会，它又重新冲向食物。并且一边吃还一边注意主人打电话的动向，当发现主人挂了电话，它立刻逃之夭夭，给主人一个很听话没有偷吃的假象。

● 羊群的统帅是只狗

边境牧羊犬在牧羊时，经常会在羊群前前后忙碌个不停，它这样做都是为了保持羊群的集中。它也不是随便跑动的，一是根据远处主人的手势来行动，二是自己实际的工作经验。一般边境牧羊犬上岗后，会在极短的时间内把羊群中所有羊的档案输入资料库——大脑，然后，在放牧时会仔细盯着每只羊，就是再细小的动作，哪怕是一个甩尾、迈步，它都能察觉到，并且用眼神来驱动羊群的移动或回返。

●我是狗狗中的"爱因斯坦"

边境牧羊犬的智商相当于一个四五岁的小孩，是犬中智商最高的。它能记住每一个玩具的颜色、形状、名字。如果主人指示它，让它从众多的玩具中找出主人所需要的那一个，它立刻能从其中准确地找到并交到主人的手中，得到主人的赞赏后还会表现得很谦虚。谦虚使人进步嘛！一个它从来没见过的新玩具出现了，得到主人新的指示，这一次它没有立刻找到，而是很犹豫地在新玩具面前徘徊，在主人几次指令催促后，还是决定把新玩具交给主人。结果正确！

动物档案

迷你雪纳瑞

栖息地：德国

体型：小型犬

取悦主人的爱宠

迷你雪纳瑞总体来说和标准雪纳瑞还是比较相似的，性情比较活泼，喜欢和人亲近。迷你雪纳瑞的眉毛非常浓密，黑鼻子比较突出，体型好似一个方形，背部平直，腿部肌肉发育良好，是鼠类的天敌。在国际上，被认可的迷你雪纳瑞体色为椒盐色、纯黑色和黑银色。

●音乐是不分界限的

迷你雪纳瑞的主人喜欢听音乐，而它耳濡目染也学会了欣赏音乐，并且随着不同的音乐还会呈现出不同的表情。研究人员发现，当放一些流行音乐或是普通人之间的谈话，狗狗的行为和不放音乐时并没有什么明显的变化；当放重金属音乐时，狗狗就会表现得非常激动，会不安地一直吠叫；当放古典音乐时，狗狗的吠叫会明显降低，音乐带来一种镇静的作用，会让它待在原地躺着不动。可见，狗狗也是能够进入和理解音乐的。

●为的就是博得一笑

迷你雪纳瑞个性调皮，浑身充满活力，它们对主人既依恋也非常忠心。有时候，主人郁闷了就会跟它一起玩。主人让它跳绳，它就跟着主人一起跳绳；主人让跳圈，它就跳圈。迷你雪纳瑞玩儿的过程中还会不时地观察主人的脸色，如果好点儿了它就会更加兴奋，如没有那它就再接再励。

● 要充分认识自己的缺陷

迷你雪纳瑞工作时非常认真，主人经常交给它一些看门的工作，可是夜晚警戒任务却从来不给它。不过，还是要服从主人的命令。它也非常有自知之明，看门只需要看到来人告诉主人就可以，可是晚上的警戒任务却需要良好的警戒素质。它虽然也有警惕心，可是它对谁都太友善，警戒还是不太适合它。嗯，它还是做个合格的看门犬吧！

动物档案

巨型雪纳瑞

栖息地：德国

体型：大型犬

热情机警的工作犬

巨型雪纳瑞的头部比较长，很是结实，吻部看上去好像一个正方形，双耳直立，眼睛为暗色，椭圆形。巨型雪纳瑞的颈部比较粗壮，前肢笔直，很有力量，断尾。体毛比较坚硬，好像钢丝一样，看上去非常粗糙。最常见的巨型雪纳瑞体色为黑色，不过也有黑白相间和椒盐色的。

●国王钦点的保镖

巨型雪纳瑞曾经当过法王路易十四的保镖，这是它最辉煌的时刻。虽然国王有些多疑和暴虐，可这跟它没有关系，它只要服从就可以了。它用自己的勇猛、机敏和忠诚服务捍卫着整个宫廷的安全。

●啤酒屋和屠宰场的守卫

英勇的巨型雪纳瑞，曾做过最多的工作就是为啤酒屋和屠宰场进行护卫，以免不法分子作乱。担任护卫之责的它，沉着冷静，非常有耐心地进行巡视，它相信没有问题就是好消息。发现问题，通常会先去进行一番查探，如果没事儿则继续工作，有事儿则先行解决。

●预知天气的超能力

巨型雪纳瑞活泼勇敢，智商也极高。它会根据天气的变化，预测工作中可能出现的问题。比如说在气温逐渐下降，天气变得阴冷的时候，巨型雪纳瑞就会拖着主人把自己家里的许多厚衣服都找出来，然后一遍又一遍地在农场周围查看家畜的情况，发现有冻僵的或是死掉的家畜就会及时告知主人。

动物档案

伯瑞犬

栖息地：法国伯瑞区

体型：大型犬

最具柔韧性的牧羊犬

伯瑞犬也是牧羊犬的一种。眼睛距离大小合适，眼睑为黑色或者黑褐色，其他颜色则视为不合格。耳朵比较长，约等于或者小于头长的一半。肩部有凸出，背部线条比较直，身体结实，毛发比较柔顺，肌肉比较发达。伯瑞犬的毛发比较长，所以需要经常打理。体色多为白色或者其他深一点的颜色：黑色、褐色等，而且颜色越深越好。

● 给你秀一下凌波微步

伯瑞犬的身姿柔韧而轻盈，如流动的水，它在牧羊时就充分利用了这一身体优势。如果羊群突然改变进食路线，行进中的它能够突然止步并把身子扭转过来驱赶羊群回到正途；当羊群遇袭，它能从静止状态迅速地弹跳起步，等再看到它时，已经到了敌人的眼前。就像一个会凌波微步的高手，脚步刚沾地就滑行而去。也正是巧妙地利用了这个招式，才让它能更轻松、更自如地完成主人交给的任务。

● 时刻警惕着的耳朵

精力旺盛的伯瑞犬，除了完成牧羊、追踪等正常工作，下班后还会义务为主人担任起警戒的任务。它在休息时，耳朵会像雷达般地自动举起和张开，当听到声音会起身进行认真搜索，如果没事儿就接着继续睡，有事则告诉主人。不管它听不听，声音总是会传入它的耳朵，既然如此，资源还是不要浪费的好，能者多劳嘛！

● 上过战场的老兵

狩猎、跟踪、放哨、巡逻，这些都是伯瑞犬经常做的工作。它的学习能力很强，所以人们交付给它的任务也多，不过，每一次伯瑞犬都能出色地完成。战争年代，它就上过前线为前方战士运送给养，并且能协助军医寻找那些受伤的战士。

● 不工作就浑身痒痒

伯瑞犬是只闲不住的狗狗，没有工作就会让它感觉到无聊。于是，它就经常主动用头推主人，睁着渴望的大眼睛望着主人："主人，请指示！"然后小心地观察着主人的每一个动作，就怕不小心忽略哪一个指示。得到指令后，它就会立刻以饱满的热情投入到新的任务中。

● 我的心事你别猜

伯瑞犬感情很丰富，对主人和家庭是最信任的，并且热衷于讨好主人。即使主人周围的朋友、同事，它都能清楚地认得。这些人的远近亲疏，伯瑞犬都能从主人的语言和动作中判别。所以，对比较亲的人，它们就会像对待主人一样忠心；而远的人，则友好地对待它们，至于陌生人，那自然是只有警惕了。

动物档案

博美犬

栖息地：德国

体型：小型犬

漂亮迷人的"小狐狸"

博美犬产自德国，是一种玩赏犬。博美犬身体比较匀称，背部较短，披着粗硬的毛发，底毛比较浓密和柔软，肩部比较高，要大于体长。骨骼中等，腿部的长度和身体相平衡，看上去非常结实。博美犬的体色为白色，远远看上去就好比一个滚动的小球，非常可爱。

● 我的叫声是警报器

光从外表来说，博美犬小小的，并不具备什么攻击性。不过，你可千万别小觑它，它身材虽小，可它却有一副好嗓子。博美犬喜欢喊叫，声音尖锐而嘹亮，就连许多大型犬也甘拜下风，这一切都能让它更好地为主人看门护院。只要盗贼被发现，那么迎接他的将是惊声尖叫，偷窃计划只能暂时搁浅。

● 就你那点小心思

博美犬为了讨主人的欢心，经常会在主人身边撒撒娇、耍耍宝。主人爱看什么样的耍宝，它都能琢磨出来，并投其所好，你喜欢，我就演。主人就非常喜欢看它打滚儿，滚来滚去，两圈之后主人就会乐呵呵地挠挠它的小肚皮。你看，他们相处得融洽而简单。

● 真狗不露相

有时候，总有一些没有眼色的狗狗来找小博美的麻烦。小博美心里总是想："我看起来就那么好欺负吗？"在它遇到麻烦时，并不会害怕地逃走。因为，它知道如果这一次逃走，以后就要次次逃走。再说，它也是有脾气的。其实，它的内心是非常勇敢，只是平时不显露而已。这回，就让这些家伙尝尝它的厉害！

●讨要东西是个技术活

活泼的博美犬知道该怎么样做才能讨主人开心。当它看到主人手里的东西，非常想让主人给它，该怎么办呢？它会先吸引主人的注意，这期间它会小心地关注着主人的手指，当发现主人心情不错时，就适时冲着手里的东西叫，有时还会站起双脚爬上主人的膝头，以表示它对这种东西的喜爱程度。

动物档案

长须牧羊犬

栖息地：英国

体型：大型、小型皆有

天生一副幽默的面孔

长须牧羊犬原产地是英国，身体比较强壮，而且还略微有些倾斜，但并不笨重。长须牧羊犬大多体型中等，披毛的长度也适中，沿着身体轮廓自然垂下。长须牧羊犬的长相和英国牧羊犬相似，只不过体型上显得更为细长一些，而且不用断尾。

● 健康才是硬道理

长须牧羊犬活泼聪明、精力旺盛，从外表就能看出浑身充满健康的气息。其实，这与它的生活有关。每当主人空暇的时候，它都要到室外去嬉戏玩耍，进行充分运动。即使没有时间也没有关系，在室内同样可以做一些散步、转圈之类的小动作。可见，它深知身体健康才能快乐生活的道理。

● 别想越过我的警戒线

对任何新鲜的东西长须牧羊犬都有非常强烈的好奇心，但对陌生人或者来者不善的外敌却十分警惕。它会小心观察这些人的每一个动作，只要发现他们意图强行进入主人家，就会马上从警戒状态转换成战备攻击，时刻准备着给外敌以沉重打击，誓死捍卫主人家的安全。

● 就是喜欢有规律的运动

惹人喜爱的长须牧羊犬极有智慧，做什么事情都干净利落。它喜欢运动，众所周知，可是大家不知道的是它特别喜欢有规律的运动。每天早晨慢跑半个小时，黄昏散步半个小时，每周几次的户外奔跑，等等。如此，既富于计划性又利于身体健康。

● 事半功倍的天赋

　　主人把还是幼仔的长须牧羊犬带回家，其后最重要的事情当然是要教它们懂规距，什么能做什么不能做，还有言行举止也要单令进行训练。咱要做个有素质的狗嘛！任务一大堆，光是坐下、停止等简单的动作，计划表上就排列了一大堆。不过，没关系。谁让咱天赋好呢！咱的记忆力和学习模仿能力可是超级棒的，只要细心观察，这动作也不难，只要模仿几次动作后，长须牧羊犬就能记住，并且表现得丝毫不差。

动物档案

大白熊

栖息地：法国与西班牙

体型：大型犬

战场上归来的王者

　　大白熊犬脑袋的长度和宽度基本上是相等的。眼睛呈杏仁状，略微有些倾斜，眼眶为黑色，眼睑紧紧贴在眼球上；耳朵中等，自然下垂。体型比较匀称，但是因为身披厚厚的毛发，所以很容易给人造成误会。尾部还有漂亮的毛，休息的时候，尾部会自然下垂；激动的时候，尾部则是自然上卷。体色多以白色为主，其间还有一些灰色、茶色的斑纹，但杂色的斑纹不能超过身体的三分之一。

●拉着主人大逃亡

　　有研究人员发现，大白熊在地震发生前几个小时就能感知到。当它感知到危险即将降临后，想及时通知主人但又口不能言，为了引起主人的注意，它会表现得非常焦虑，出现坐卧不安等异常行为。当主人训斥它并不予理会时，它会着急地冲着主人大声吠叫，有的直接拖咬着主人的裤腿向外跑。大白熊之所以这样，是因为它的大脑能够接收到低频率或亚音速的声音，而这两种声音也恰好是地震信号的来源之一，所以，一旦大白熊捕捉到这两种信号就知道危险要来了。

●孤独的哨兵

　　大白熊曾经担任过护卫羊群的工作。不仅要保护羊群，同时对于那些来犯的敌人还要把它们驱逐出境。这份工作不能说不辛苦，可是它为了保护主人交给的任务，它一直勤勤恳恳地工作。有时候主人有事不能照顾到羊群，大白熊似乎知道主人的忙碌，就主动承担起了照顾后方的责任。在无人的情况下，它可以独自工作好几天。每天重复着同样的工作，没有丝毫的怨言。

● 老虎的屁股摸不得

无论大白熊的主人对它做什么，它都不会介意。可要是陌生人对它示好，想要摸摸它，那可是万万不行的。其实，平时也就主人能在它这个"太岁"的头上动土。别人？别说是陌生人了，就是熟悉的人也不行！大白熊对外人非常敏感，始终处于怀疑的状态。如果有人逞强，那就要小心它报复喽。

● 岁月的积淀

温和的大白熊犬给人的第一印象非常深刻，它是集优雅、王气、聪明于一身。它的王者之气都是在残酷的付出之后造就的。年少时，大白熊也曾热血沸腾，愤世嫉俗，可随着自身的强大和眼界的拓宽，它变得越来越温和。岁月不光增长了年纪，同样增长了它的阅历。岁月的沉淀让大白熊变得越来越温和。

动物档案

大丹犬

栖息地：德国筴籁

体型：超大型

随和的"巨人"

　　大丹犬体型比较大，属于超大型犬类。头部呈矩形，轮廓比较清晰，除了蓝色犬的鼻子为深蓝黑色外，其他颜色的犬鼻子都是黑色。大丹犬的体型比较匀称，能够承受得起长途跋涉，人们将其称为太阳神的犬，外表比较高贵。体色为黑色、蓝色和浅褐色等。

● 野猪不过是败将而已

　　大丹犬是为了猎捕野猪而诞生的犬，它天生就是个大力士。为什么这么说呢？众所周知，野猪发起狂来那是非常凶悍的，速度快，力量强，如果没有一定的力量和技巧那是捉不住的。每次狩猎，大丹犬总会先对目标进行观察，寻找猎物的弱点并熟悉周围的环境，然后等待时机，一出即中。

● 一句话下的勇士

　　大丹犬的力量、速度和耐力都是一流的，常常因为主人的一句话而长途跋涉，追击猎物。即使路途中出了意外而受伤了，它也会坚持最后。它清楚地知道自己的任务是完成还是没有完成。

● 贴心细致的小闹钟

　　大丹犬的感情非常丰富，它对主人很忠诚，对家庭成员也很体贴。如果看到主人出门，它会主动把主人随身携带的物品，如包包、钥匙什么的递给他；家里的小主人喜欢睡懒觉，到点儿它就会"汪汪"叫醒他，充当称职的闹钟。

●你的伪装真差劲

大丹犬非常聪明，即使别人装扮成主人的样子，哪怕是一模一样，它也能一眼认出。不管一个人的外形如何改变，但身体的气味、眼神等细节都不会改变。假的就是假的，只要嗅一嗅，轻轻松松就让伪主人露馅。伪主人试图想用这样的方式亲近大丹犬，无疑是失败的。

动物档案

大瑞士山地犬

栖息地：瑞士

体型：大型犬

农场主的最佳护卫

大瑞士山地犬的头部比较结实，吻部短粗，眼睛为淡褐色或栗色，眼神比较温顺，鼻子呈黑色。耳朵为三角形，自然下垂，比较小。颈部短促，胸部宽厚，背部比较强健。下腹部微微上提，但是并不明显。外围的披毛比较粗硬，但摸上去很是光滑。体色主要为黑色和棕褐色。

● 尾巴可不是随便夹的

大瑞士山地犬会经常夹着尾巴逃到它感觉安全的地方，比如从户外回到室内主人的身边，或是钻进狭窄的空间，或是没有食欲，这些都是它寻求安全感的表现。而出现这种情况，一定是它身边突然出现了极大的声音让它感觉到危险，如闪电雷鸣、鞭炮声或是飞机轰鸣声。它用自己的本能动作告诉主人：我的身体不适，需要安慰，请快点来保护我吧！

● 温柔的老黄牛

大瑞士山地犬是一头温柔的老黄牛，任劳任怨地为农场主工作，守卫农场主及其财产的安全。它每天按时上下班，不过加班超时也是常有的事情。它们工作起来敬业、专心，有空还会外出兼兼职，像放牧啊、拉车啊就经常做。虽然没有工钱，但它还是很高兴去完成。因为完成之后主人会陪它玩儿，也会给它好吃、好玩的等奖赏。这精神上的奖赏可是金钱买不到的哦！

● 别把我当成吃货

在大瑞士山地犬看来，所有的训练都是游戏。主人经常拿一些它喜欢吃的食物来鼓励它要努力学习。其实，它心里时常在嘀咕："主人，我没你那么爱吃好不好！人家聪明得很，不用食物刺激也能做好的。"不过，这样跑来跑去的动作也蛮有意思的，还是等会儿再跟主人沟通吧！

动物档案

德国牧羊犬

栖息地：德国

体型：大型犬

久经沙场的战将

德国牧羊犬就是我们所说的狼狗，异常凶猛。脸庞黝黑发亮，披毛较厚，双耳竖立，眼睛呈杏仁状。德国牧羊犬的体长要比身高长一些，肌肉比较结实发达，前后身躯比较和谐，身体线条比较平滑。牧羊犬的体色以浓烈为上等，而肝色等为缺陷的颜色，白色则为不合格的颜色。

● 我是主人的记忆库

如果主人有记忆障碍或者记忆受损，作为宠物的德国牧羊犬会非常称职地充当起主人的记忆库。主人去逛商场，发现自己找不到来时的路时，只需要告诉德国牧羊犬说"到商场门口"，它就会高高兴兴地领着自己的主人返回商场门口。到了商场门口之后，主人又告诉它"到停车场去"，它又会领着主人找到自己家的汽车。德国牧羊犬知道主人的记忆不太好，在外出遛弯的时候它还会经常有意识地领着主人到以前经常去过的地方，想通过这样的方式帮助主人恢复记忆。

● 身兼数职的犬中精英

提起德国牧羊犬，人们都不得不竖起大拇指赞叹一声"厉害"。外表威猛、气势十足的它，经常被派去执行一些追踪、救护、搜毒、护卫的工作。这是因为它、嗅觉灵敏，警惕性高，最重要的是，它对主人的命令执行得很好。只要是主人的命令它都可以无条件地完成。

即使没有主人的吩咐，遇到相同的事情，如嗅到毒品、发现小偷，它都会勇敢地揭发、察探。

●没有千里眼也有顺风耳

德国牧羊犬的听觉非常灵敏，是人的16倍。盗贼一般都喜欢在夜晚行动，因为黑夜给了它们天然的保护。这对听觉灵敏的德国牧羊犬来说，同样是没用的。眼睛分辨不清，还有耳朵。这个地方青蛙有几只，叫声如何，所有存在的声音，它都能仔细地分辨清楚；突然之间，来了一个外来的呼吸声和异响，自然是非同小可。

●生命的奉献

德国牧羊犬自我防卫能力很强，可是当主人出现危险时，取舍之间，它会选择放弃自己，救助主人。为了主人它可以奉献一切，包括生命。以己之命换主人命，这在它看来很值得。因为，它完成了它的使命，实现了它对主人不离不弃的承诺。它勇敢、有担当。

动物档案

东非猎犬

栖息地：阿拉伯

体型：中型犬

古埃及的贵族犬

东非猎犬的头部比较长而窄，双耳较长，上面还覆着长长的毛发。鼻镜为肝色或者是黑色，眼睛呈暗黑色，比较明亮，呈卵状。东非猎犬的四肢、尾巴和耳朵上都有装饰毛。白色、奶油色、淡黄褐色、蓝色等是东非猎犬的主要体色。

● 好拍档就是要默契

东非猎犬的速度快、耐力好，非常适合陪伴在主人的身边进行狩猎。不过，它不是单兵作战，而是联合作战，大家各司其职，共同完成任务。搭档猎鹰在空中予以威慑负责阻止猎物前进，而地面上的它则负责将猎物捕获并带回到主人身边。在沙漠地带，外出狩猎时，它经常坐在搭档骆驼的身上，它的爪子可经不起沙子的热度，一不小心烫伤了可是要耽误主人工作的。你看它，坐在骆驼的身上，似乎很享受。

● 东非猎犬与羚羊的角逐

视觉敏锐的东非猎犬看起来很瘦弱，但事实上它很强壮。只不过是因为四肢有点修长而让它看起来有些弱不禁风，不过它的确有杀死一头羚羊的能力。羚羊的奔跑速度很快，可是它的耐力并不及东非猎犬，两者比起来，似乎是有力量、速度、耐力的东非猎犬更胜一筹。所以，在狩猎羚羊的时候，它也善于采用速度与耐力相结合的方法，先把羚羊的精力消耗掉，最后再给予一记漂亮的击杀，哈！狩猎完成。

● 让人羡慕的家族

东非猎犬同人一样，性格也分内向和外向。不过，在它们的世界里，内向可不是什么优点，所以外向的东非猎犬都会非常乐意帮助有内向的东非猎犬。它会鼓励它们走出家门，不听好话时还会采用一些暴力把它拉拽出来，叫声也很急迫。到了室外，又会小心谨慎地跟在一旁，不时地给予安慰的眼神以及身体的安抚，让内向的东非猎犬慢慢适应外界环境，渐渐熟悉陌生的人和事，从而变得活泼开朗起来。

动物档案

杜宾犬

栖息地：德国

体型：大型犬

战绩辉煌的守卫犬

杜宾犬的头部比较长且紧凑，身体呈正方形，肌肉比较发达且有力量，耐力和速度在犬类中也是上等的。杜宾犬身体长度要小于肩高的长度，而头部、颈部和腿部的长度和身体的高度是呈正比的，非常协调。外貌也非常温雅，异常高贵。身体披毛颜色为黑色，只有下颚和四肢那里有些棕黄色。

● 英雄就是要有英雄的样

成年的杜宾犬十分凶猛，人们不敢轻易招惹它。同样，杜宾犬小时候的表现也非常彪悍。在它只有两个月大的时候，还没有认主，人人都想要当它的主人。不过，可不是谁都行的，杜宾犬会为自己选择合适的主人。当有人表达意愿时，它会做出这样或那样的违背常规的动作，测试主人对它是否真有耐心和爱心；还会发出惊人的长嚎恐吓人们，测试主人是否有胆量和勇气要这样的它。只有通过这些测试的人才能成为它的主人。既有耐心和爱心又有胆识的人，是英雄的特质。英雄惜英雄，不选它还选谁呢！

● 欺骗艺术家

欺骗不仅出现在人类中，也出现动物的身上，而杜宾犬又是其中的佼佼者。在国外，曾经有这样两只杜宾犬A和B，它们喜欢吃肉骨头，更喜欢它们家的男主人。一天傍晚，A在窝里正在啃骨头，而B的骨头早已吃完，它装作若无其事地在周围转悠。之后，突然跳起，用前爪推撞了一下门，门发出"哐当"的声音，而B赶忙逃离现场。屋内的A听到声音以为男主人回来了，马上丢下骨头去迎接，而这时B早已回到屋内，悄悄地把肉骨头偷走了。

● 注意有敌情

杜宾犬活泼机敏、勇敢忠诚，是战斗中的高手。同时，它的警觉性也非常高，当发现情况不会像有些狗狗那样一味地吠叫或是残暴攻击，因为有时吠叫也会向敌人警报，暴露目标。机敏的杜宾犬独树一帜，发明了自己的报警机制，当发现有情况或目标出现时，都会把尾巴高高地举起，在可视的情况下，主人只要发现它这个动作，就知道麻烦出现了。

动物档案

法国斗牛犬

栖息地：法国

体型：小型犬

宁死不屈的护卫

法国斗牛犬的耳朵非常有特色，像两只小蝙蝠，很是吸引人。法国斗牛犬和一般斗牛犬相比，身材有些矮小，短圆。骨骼较为沉重，肌肉发达，身体披毛，毛发顺滑。肩部和背部比较宽，腰部比较狭窄，腹部比较发达。法国斗牛犬的毛色主要有虎斑色、白色和淡黄褐色等。

● 坚持下去才会胜利

法国斗牛犬有一种目空一切的高贵气质，这不仅表现在生活中，同样表现在对敌战斗中。一般它与敌人正面决斗时，通常表现的都非常勇敢无畏，非常豁得出去。因为，它看到对手眼中的恐惧，这样，它的第一个心理威慑的目的就达到了。只要有不怕死的才能坚持下去，胜利的肯定就是它。

● 我是沉稳帝我怕谁

法国斗牛犬平时安安静静地很少吵闹，俨然一个沉稳帝。但是只要它发出特有的"呜呜"咆哮声，那就是在告诉主人，它难受了，要特别注意啦。这样的状况通常出现在高温天气，只要给它降降温就好了。有时候主人恰好不在身旁，难受的它就会跑到有水的地方喝点儿水或是冲个凉；有的还会打开冰箱门让冷气散出来，之后还会小心地把作案后的痕迹破坏掉，否则主人回来可是会生气的；有的则会学习主人的样子开空调遥控器，有空调果然凉爽许多啊！

●任性背后的惊喜

法国斗牛犬的任性时有发生，不过你不需要太担心，它也可能会给你带来惊喜。外出运动的时候，它看到自己感兴趣的东西，就会让主人把它放开。等放开它，它撒腿就跑得无影无踪。主人有些生气，可是等到看到它拽着一朵花回来时就会觉得很贴心。它经常会这样给主人来个小惊喜，让主人高兴。看到主人的笑容，它也会觉得心满意足。

●信任与否是一辈子的

温和亲切的法国斗牛犬有它自己的道德底线，平常不表露，可是一旦发现有人骗它后，这个人，即使以后做出再多的努力也休想再赢得它的信任。它的记仇能力可是跟它的记忆力与学习能力等同的。

动物档案

法老王猎犬

栖息地：埃及

体型：中型犬

血统高贵的狩猎能手

　　法老王猎犬的血统比较高贵，从外表上看也非常优雅。法老王猎犬的眼睛为琥珀色，和披毛的颜色很是相称，呈杏仁状，位置比较深一些。耳朵高度中等，警惕状态时，双耳会直立。法老王猎犬的脑袋比较长，稍微有一些倾斜，轮廓分明。颈部比较长，有些许的圆拱。尾巴犹如一根鞭子，根部比较粗，尾部比较细，休息的时候会自然下垂。体色多为褐色和栗色。

● 全方位立体式捕猎

　　法老王猎犬与依靠视觉捕猎的灵缇不同，它可是视觉、听觉和嗅觉全方位立体式捕猎。它先用听觉发现目标猎物，然后用嗅觉寻找猎物的行动轨迹，确定猎物的方向，最后用视觉锁定目标。这样的立体式狩猎方法，让它狩猎成绩斐然。

● 对空调说"不"

　　优雅的法老王猎犬对于空调的生活环境非常不喜欢，如果家里开了空调它就会自觉到阳台上找个阴凉地方趴着。因为，它在空调的室内待久了，不仅不会觉得凉爽反而会觉得精神沉闷，有时候还会出现体温升高、打喷嚏、流鼻涕的症状，所以在它感觉到不舒服的时候就会选择规避。其实它最喜欢待在有自然风的环境里，虽然阳台不比室外，但总比有空调的地方好。

●赶着点儿回家

渴望得到人类关注的法老王猎犬，对于家总显得特别依恋。以往它外出狩猎要走好几天，而回家的时候总是显得特别急迫，它会选择离家里最近的路线一路飞奔地往家跑。有的则像上班似的按点儿玩，到点儿了按时回到家。它对家周围的路线，还有周围的环境，那是一个熟悉，比导航仪都清楚，犄角旮旯的地方都清楚地标注在它脑的图中。所以，当它走失的时候总是能重新探索出一条新的回家路线。

●游泳是个好方法

夏天，法老王猎犬在感觉到自己软弱无力，走路失去平衡感的时候，会快速寻找有水的地方。如在公园里散步出现症状，它就会跑到公园的河里或花池里，以便让自己的体温迅速降下来。有时候，为了躲避陆地上的高温，它们会直接待在水里游泳不上岸。

●默契源于信任

法老王猎犬与主人之间总是非常默契，往往主人的一个眼神或手势它就能明白其主要意图。主人"去，截住猎物"的手势，法老王猎犬马上快速有力地把猎物拦截住，然后等主人从后面包抄猎物。当遇到危险的时候，它也总是和主人共患难。他们之所以能这么默契，是因为法老王猎犬信任它的主人，而它的主人也信任其忠诚。

动物档案

高加索犬

栖息地：俄罗斯高加索地区

体型：大型犬

边境巡逻员

高加索山犬的体型比较大，从外表上就一幅"生人勿进"的模样，属于超大型的犬类。高加索犬的头盖骨比较宽阔，骨骼比较发达，额头平宽，鼻子比较大，而且大多呈黑色。耳朵上有披毛覆盖，双耳下垂且比较短。高加索的身形比较粗壮，胸部比较厚实，肌肉非常发达，尾巴上的毛发比较浓密，位置也非常高。高加索犬的体色有淡黄色、黄色、斑纹和白色等多种混合颜色。

●生人勿进、勿扰

高加索犬原本是主人的家畜护卫犬，那时主人让它严防一切威胁。所以，它对一切靠近家畜的东西都视为威胁，是潜在的危险，需要提高警惕。类似狼、熊等大型食肉型动物和人类中的不法分子欲实施犯罪时，它立刻会对其采取果断的行动。当牲畜护卫犬护卫牲畜的时候，任何靠近畜群的东西都会被认为是一种威胁。现实生活中，它跟着主人外出总是不自觉地靠近主人，比如擦身而过的慢跑者或是玩滑板、骑自行车的人都视为威胁。不过，等主人告诉它没关系的时候，它就会放松下来。

●天将降大任于斯狗也

高加索犬是边境巡逻犬，这个岗位艰苦而光荣。天将降大任于它，自然是要先劳其筋骨，苦其心志。高加索犬把恶劣的生活环境当成战场，它的身体适应能力非常强，不仅生活良好，还造就了它坚韧独立、无所畏惧、勇往直前的性格。这些优秀的品质，为其以后的生活和工作奠定了坚实的基础。

●雷达般的搜索能力

高加索犬的黑眼睛非常有特色，是深凹进去的，这样是为了更好保护眼睛。因为只有把眼睛保护好才能发挥其敏锐的洞察力，也便于它搜索和巡视工作。它的洞察力可以细微到如果在它的领地内有任何改变，它都会发现，哪怕是一个石头滚到了路中央它都知道。而在夜间，它的视觉没有任何的障碍，多的只是比白天更加细心，有任何变化都会引起它的咆哮。

●再远我也要找到你

所有的高加索犬对主人都绝对忠诚，并且它能记住与主人所有的过往，记忆力超强。就是2~3个月的高加索宝宝犬跟主人相处时间不长，一旦被送走也要经过好长时间才能重新认主，更别说成年的高加索犬了。有些人试图偷走它们进行贩卖，可是人家根本就知道你不是它的主人，会直接拒绝饮食，等发现机会就会偷跑走，然后寻找回家的路。不管有多远，它都坚持着回到主人身边。

●看我的瞌睡迷惑大法

高加索犬也有非常狡猾的时候，常常为了让敌人有所动作，它都会在一旁趴着装睡，实际上它的耳朵仍然在警惕着，没有放弃丝毫戒心。这时，只要有一点的响动它都会马上精神抖擞地站起来，动作迅速地跑到声音地点。如果发现敌人已经进入到了它的界内就会主动攻击；如果仍处于界外，则任由他们自由行走，不过还是会对其留意，直到它们离开才会不再关注。

动物档案

哈利犬

栖息地：英国

体型：中型犬

猎兔专家

哈利犬和同等体型的犬类比较，它们的骨骼显得比较粗大，肌肉也非常结实，是专门用于捕猎的犬种。哈利犬的头部和身体的比例都非常协调，双眼之间的间距比较大，颜色为褐色或黄色，眼睛中等大小。耳朵的位置比较低，紧贴在面颊上。颈部比较长，没有多余的赘肉，很是结实。背部的肌肉比较发达，腰部较短，尾巴上竖，高高举起。体色没有严格的要求，任何颜色都可以。

●全能型狗才

哈利犬在工作的时候就是那绿叶，总是燃烧了自己照亮了别人。同是尊贵的贵族主人外出狩猎时，它们就是负责驱赶猎物，之后就是主人的表演时间，没有它们什么事情了。而与同类合作的时候，它开朗好相处，分配任务多，是一个承上启下的重要角色。不过，绿叶也有绿叶的工作操守，它总是很认真地完成自己的工作。这样直接让它成为了工作的多面手，不管是什么工作什么职位它都能胜任。

●精于本职才行

工作能力出色的哈利犬，能胜任多种工作，但最擅长的还是猎兔。它有灵敏的嗅觉，这样可以在任何地形条件下寻找到兔子的老巢；另外，它身手矫健，能将兔子在出动之时就迅速将其捕获。它充分发挥自己的优势，让兔子们成为囊中之物。

●生活工作两码事

哈利犬是工作和生活分得很开的狗狗，工作时非常敬业，生活中又非常放松平和。它在生活中的状态跟工作时判若两人，温和沉稳、活泼顽皮，为了讨要一个心爱之物，也会向主人撒娇。当充分休息好后马上上工，又会成为一个严谨、讲究原则的狗，想让它在工作时间玩耍那是不可能的。

动物档案

哈威那犬

栖息地：**西班牙**

体型：**小型犬**

天生的伴侣

哈威那犬的双耳非常尖，上面还有弯曲的毛发，厚厚的遮盖在耳朵上。眼睛比较大且黑，腿部比较直，脚趾比较清瘦。哈威那犬的前腿和后腿都非常短，身体虽小，但是却十分有力气，显得并不脆弱。哈威那犬的体重一般在6~12斤，否则就视为失格。体色有纯白色、奶油色、金黄色、兰色、巧克力色、银色等，或者是上述几种颜色的结合。

● 一起一秒是一秒

哈威那犬是一种充满感情的快乐狗狗。它们天性活泼，时常与小朋友咿咿呀呀、汪汪地无边界交流。对主人也很依恋，每当主人周末休息的时候就是它最开心的时刻。因为，它有一整天可以霸占主人的权利。主人出去购物，虽然不能进入商场，但可以坐在车子里等，顺便还能看看外面的风景；主人出去玩儿，它可以正大光明地跟随左右，就像一个护花使者；主人健身，它也在一旁锻炼身体。总之，它抓紧一切跟主人相处的时光。

● 慢热害羞的哈威那

聪明的哈威那犬对人十分友善，却又非常敏感怕羞。有时，还会因为别人的赞扬而跑到没人的地方兴奋不已。它对最初见面的陌生人都会有一些害羞，不像有的同类很快就能闹成一团，它属于慢热。对每一个人都必须通过长时间的了解和相处才能慢慢接受，并在心里接纳那些真心的人。

●学来的雕虫小技

哈威那犬为了吸引主人的注意力，经常会在主人眼神经过的地方做一些好玩儿的小动作，像打滚啊、转圈咬尾巴或是主动为主人开门、拿书、拿手机等动作。这也是它从同类朋友那里学来的雕虫小技，不过朋友告诉它效果很好。果然，主人被它吸引过来。看来，雕虫小技也是非常实用的嘛！

●我可不是好好先生

温和的哈威那犬给人的第一印象就是好好先生，其实，它真的想大声地告诉所有的人"我不是好好先生，我只是主人的好好先生"。它对陌生人始终充满警戒心，如果发现有需要时，它也会对其进行暴力攻击。即使是在主人面前，如果主人把它喜欢的东西扔掉或者没有按时下去遛弯等，它都会有些小任性和小抱怨的。直接表现就是"不搭理你，坚决不理你了"！

动物档案

荷兰毛狮犬

栖息地：荷兰

体型：中型犬

人民之犬

荷兰狮毛犬长得非常漂亮，体型中等。荷兰毛狮犬的眼睛为深褐色，呈杏仁状，略微有些倾斜，双眼的距离适中。耳朵比较小，呈三角形，双耳直立。脑袋和身体的比例非常协调，头部呈楔形。身躯比较紧凑，背部很短，有些向后倾斜。胸部比较深，并且异常结实。尾巴的长度适中，还有大量的装饰性毛，紧紧地卷缩在背后。体色主要由黑色、奶酪色和灰色搭配而成。

● 热情友好走四方

荷兰毛狮犬性格开朗，既活泼又聪明。不论是对人、同类或是其他动物，它都表现出非常友好的一面。它不卑不亢地与人们做朋友；与同类之间坦诚以待；跟其他动物在一起是"甜枣加大棒"的原则。不论是哪一种，它都能做得自然而然。所以有些时候，主人家与邻里之间的关系都是靠它来维持的，因为主人太忙，没有时间，而它则在邻居出现的时候，冲人家热情地摇摇尾巴，"汪汪"地问声好就行，顺便再跟他家的爱宠说说悄悄话，进一步升级为闺蜜。

● 飘洋过海的旅行家

荷兰毛狮犬体型较大，许多人认为它会占据很大的室内空间，其实不然。从前，它作为船上的卫兵经常随荷兰船只前往世界各地。由于船上的空间有限，荷兰毛狮犬就尽量把自己蜷缩成一个圆形，这样节省了不少空间。时至今日，虽然它已不再在海上漂泊，也不再在船舱里生活，但它仍然会习惯性地蜷成一个球，以便为主人节省生活空间。

● 出色的观察员

见多识广的荷兰毛狮犬，有着卓越的记忆力。非常善于对事物进行观察，如果它的观察区突然多了一只小狗或是雨后多长了一个蘑菇，它都能看到。出海时，它还经常通过观察天气或是海水、海浪的变化，以给舵手警示。

动物档案

红狼犬

栖息地：中国

体型：中型犬、大型犬皆有

艳丽如火的"狼"

红狼犬的性情比较凶猛，全身呈红棕色，体型中等或大型都有。头部呈三角形，双耳大小适中，且直立在脑后，嘴巴比较宽，腮颈部没有装饰的毛发。眼睛中等大小，呈狼颜色或者是黄色。鼻子为红棕色，嗅觉比较灵敏。四肢细长，肌肉发达，富有力量。尾巴放松的时候自然下垂，高兴的时候则会自然摆动。体色主要有红棕色、棕色、黄色、浅红色等，金黄色和棕色为最佳，浅黄色、黄白色为缺陷。

● 攻守兼备的战斗员

红狼犬天生就有攻击和防守的两方面优势，进可攻退可守。红狼犬的嗅觉灵敏度要比一般的狗狗高出数倍，另外扑咬攻击也非常有力度，这让它担任先锋是最合适不过的了。而守卫，也是非常适合的。防守，它也能够胜任，周边地形熟记心间，还要不放松地巡逻放哨。只要发现有入侵者，它就会低头伏身，裂嘴发出嘶咬声，迅速从防守状态转为攻击状态。

● 毒品定位系统

当红狼犬的优秀特性为人们所熟知后，它就逐渐从平凡转向伟大。由于其出色的嗅觉让它成为缉毒专员，专门查找毒品。毒品有不同的种类和型号，只要事前主人让它认识了味道，那它就能根据这个味道找出犯罪分子具体的藏匿位置。有的时候甚至会根据抓获的犯罪分子身上的味道判断出毒品到底是从哪里出来的，经过哪里，它可以长时间追踪这种味道的大致方向，而且准确率较高，一般都会有所获。

●丛林中的追击和较量

红狼犬的身体呈流线型，速度很快，这让它能快速地追捕猎物；长而有力的四肢则为速度加了一个动力后盾。有了这样的保障，它敢于向凶猛的野猪宣战。谁怕谁啊，是骡子是马出来遛遛！于是，一场丛林追击表演开始了，飞过峡谷，趟过溪流，即使再凶猛的动物也会有松懈的时候。红狼犬等的就是这个时候，这场追击战以它的胜利而告终。

●不可以貌相

有着万花筒般美丽眼睛的红狼犬，有着极其良好的动静态物体分辨能力，周围的环境有没有动物出现，只要发现它的身体就会做前伏攻击状告知主人，而动物是跑是跳还是静止不动，也能查看得一清二楚。同时，再配上狼一般强悍的超声波，让它能在眼睛看到后耳朵也能听到。

●刺头儿我躲还不行吗

常见的像野兔、野鸡什么的，红狼犬都非常的熟悉；可是对不常见的猎物，乍一见到会露出"咦，这是什么东西，我怎么没见过"的好奇表情。红狼犬对新的猎物的习性和速度、力量进行研究后，就会把它交给主人。下次再遇到它，就会很快将其捕获。不过，当它遇到不好研究的猎物，比如刺猬，那叫一个扎手，受到挫败的红狼犬，再遇到刺猬都会绕道走。咱干吗费力不讨好地去摘那刺头呢，更省力的还在下面呢！

动物档案

猴面梗

栖息地：德国

体型：小型犬

长胡子的小恶魔

猴面梗的眼睛为圆形、深色，比较亮，眼眶为黑色。双耳的位置比较高，且直立。鼻子为黑色，嘴唇也呈黑色，下唇略微突出。脖子短直，背部曲线平直。背部短平，腰部比较有力量。尾根比较高，且上翘。黑色、红色、褐色、银色、灰色等都可以接受，也有可能混合杂色，这也是非常正常的颜色，但如果出现大面积的白斑那就不正常了。

● 厨房和谷仓的环卫员

猴面梗对电动小汽车、小猫、小狗等电动玩具表现出极大的兴致，它会把这些跑来跑去的电动玩具当成老鼠一样来抓，会对其吠叫、扑咬。因为，它曾经就是抓老鼠的高手，不论是在厨房还是在谷仓，只要它出现，老鼠都会马上遁地逃跑。"跑得了和尚，跑不了庙"，猴面梗会直接找到它们的老巢一举擒获。即使有漏网之鱼，在一段时间内它们也不敢再次出现。

● 生活的调味品

机灵的猴面梗很喜欢玩游戏，在它看来游戏就是生活中的一部分，所以，它每天都开心快乐地玩。主人有空时跟主人玩儿，让主人的心情变得开朗些；主人没空，就自娱自乐，跟玩具玩儿，顺便还能练练技巧，以免"宝刀上锈"。

● 忍，不代表我没有胆识

因为猴面梗的工作需要安静的蹲守，所以即使进入到人们的生活，它的安静特质也没有改变。平常也是一副与世无争的悠然态度，可是当面对同类的公然挑衅、威吓时，忍无可忍的它瞬间就会拿出自己的气势。它不是胆小鬼好不好，既然如此还忍什么呢？

● 要耍宝也要讨好

猴面梗长了一副颇似猴子的头颅，虽然它不是猴子，可是它有一颗顽皮猴子的心，时常会释放内心深处的顽皮恶魔出来遛弯。当主人的车回家后，它会悄悄地躲藏在有遮挡物的一边。主人喊着它的名字进屋了，可是它没有出来迎接。等到主人快要走到它躲藏的地方它又会突然地跑出来，并且在冲出的那一刻大声吠叫。看到主人被吓倒的表情，它就会高兴得又蹦又跳，还跑到主人的大腿上给予热情的拥抱和亲吻。必须热情，要不然一会儿该受罚了！

动物档案

金毛犬

栖息地：英国

体型：中型犬、大型犬皆有

人类最忠诚的伙伴

金毛犬是人们最为喜爱的犬种之一。它的头骨比较宽，略微有些拱，不过枕骨和前额却并不凸起，从侧面看，口部和鼻部挺直，和头骨部分的连接非常稳固。眼睛适中，双眼之间的距离比较大，有适度的凹陷，眼睛的颜色有深棕色。耳朵比较短，下垂紧贴在脸颊上。鼻子为黑色。颈部中等长度，背部线条比较粗壮，呈水平状。胸部较深，腰部较短，尾根部很高。体色为金黄色或者是奶油色。

● 忠诚的实干家

体格健壮的金毛犬对工作十分热心，对待主人那是有求必应。不管天气如何，它都会努力去完成主人的要求。比如说在阴冷的雨天，它都能在水里捕捉水鸟，可见其敬业程度非同一般。能在任何天气条件下完成工作，一是主人的肯定，二是它平时有做充足的运动，使得身体很健康，这为它提供了先决条件。并且也只有在特殊的天气条件下工作，才能发挥金毛犬的本质个性特点。我就是能做别人做不到的工作！

● 撒娇也是门学问

撒娇也是一门值得研究的学问。金毛犬经过琢磨后发现，只要它慢慢地靠近主人并且用鼻子发出撒娇的声音，在主人身边躺下，露出肚子"我左扭，我右扭，我就是耍赖"的样子成功率非常之高，基本上都能得到主人的爱抚。

● "无聊人士"的倔强

当金毛幼犬感觉到无聊时，常常表现为垂头丧气，嘴里呜呜地叫着。它这是想告诉主人一直把它独自留在家里，它很有意见。这时主人如何去讨好它，它都会全身无力地站在自己的地盘里不出去。即使主人拿着它最喜欢的球，想与它做游戏，它也不会看一眼，把头一扭，长"呼"一口气："不就是球吗，有什么好玩儿的，想贿赂我没那么容易。"接着，就闭眼大睡自己的觉。唉，咱是无聊人士，还是睡觉吧！

●寻回游戏，我的最爱

金毛犬非常有个性，也非常活泼，它还拥有叼衔猎物的能力。平时，它最喜欢帮助主人找鞋子。在户外，如果发现水里有皮球等训练时经常衔取的物品，它就会马上跳入水中把东西叼回来给主人。金毛对这类游戏是乐此不疲，为了吸引主人的注意，它有时会飞奔到主人的身边，抬起一条腿跟主人撒娇般的"哼哼"："主人，玩一会儿嘛，就一会儿。"并且它还不停地围着主人绕圈子，直绕到主人同意为止。

●犬中的"牛顿先生"

金毛犬就像好奇的牛顿先生，它会对自己第一次看到的植物、动物等玩具表现出浓厚的兴趣。它耳朵会嗖地竖起，尾巴不停地摇摆，似乎还带着一丝的紧张，慢慢靠上前去，歪着脖子陷入思考："这到底是什么呢？"有时会在一旁站着看半天。你会想，这是在等苹果掉落吗？等到回过神来要先嗅一嗅，当发现没什么问题，就会用鼻子闻个明白，然后再用嘴巴咬，直到研究明白。

动物档案

卡南犬

栖息地：中东

体型：中型犬

杰出的多面手

卡南犬是一种中型犬，身体呈正方形，轮廓非常清晰。卡南犬小跑的时候，显得非常活泼，步态也比较轻盈，喜欢贴地小跑。双耳直立。尾部的毛很多，兴奋的时候会将尾巴卷到后背上。体色为纯白色。

●能者总是多劳

卡南犬经是不容置疑的杰出多面手。它曾在战争期间被用来探测矿藏，战后又被用作导盲、放牧等工作。卡南犬的嗅觉和追踪能力都非常强，所以它能够寻找到矿藏。它在找到后会发出洪亮而持久的声音，以此来告诉野外的探员。在探测的过程中，如果发生情况它还可以根据现有的条件进行自救。

●我的地盘我说了算

卡南犬对自己的领地非常有占有欲。对陌生人的到访，它会非常反感，有的直接回避。即使它们能接纳陌生人，但是也要遵守它的规则。比如主人新给它找了一个同伴，它吠叫着不让人家靠近它的小窝；玩具也是把自己不喜欢的给人家，喜欢的则留给自己；吃饭自己先吃，等等。它做这么多，就是要在同类面前树立老大的形象，让其以后对它尊重些。最重要的是，那些小动物以后就不敢过多地和它抢夺主人了。

● 为朋友两肋插刀

虽然，卡南犬对于新同伴总是很刁难，但是，等到它真心接纳后就会掏心掏肺地对人家好，好吃的、好玩的都会让着同伴。如果同伴受到主人的训斥还会主动上前进行安慰，自行接替同伴把没有完成的任务接着完成；如果是遇到危险，也会随时保护弱小的同伴，有机会也会让它们先走。

动物档案

凯恩梗

栖息地：英国

体型：小型犬

活泼好动的小家伙

凯恩梗头部宽短，毛发浓密，鼻镜为黑色。双眼的间距很大，眼睛适中，呈浅褐色或深褐色。双耳较小，直立，位于头部的两侧。凯恩梗体型比较小，肌肉发达，比较强壮。肩部略微倾斜，腿部长度适中，骨骼较大但是不厚重。尾巴比较短，上举，但不会卷缩在背上。颜色可以是白色以外的任何颜色。

● 我是一个识字的文化人

有人研究，凯恩梗经过一定的学习之后也能够识字，并且还能牢牢记住。我们分别在纸上画上小动物如鸡、鸭、鹅等，然后在另外一张纸上分别注明与画相对应的文字，之后，我们把画着鸭子的纸张给凯恩梗看，再对它说："这是鸭子，去那边把写有'鸭子'的纸张找出来。"凯恩梗听到指令后，会马上冲出去，在一堆纸中找出答案。如果这时主人拍拍它的头说："干得好！"它马上会变得得意洋洋。其实，凯恩梗的"识字"主要是通过气味感知到的，只要在题目和答案的纸张上留下区别于其他纸张的特殊气味，凯恩梗就能够认识所有的字。

● 海陆两栖作战

凯恩梗是一个上山下水皆宜的高手：它在山里可以追捕狐狸、兔子；在水中能捕捉水獭；并且还能在石堆里寻找老鼠，在地下寻找鼹鼠等。它能如此广泛地去猎捕猎物，最主要的是因为它的追踪能力很厉害，能够根据猎物留下的蛛丝马迹，进行顺藤摸瓜地追击。

●嫉妒乃狗之常情也

凯恩梗喜好玩乐，脑袋也聪明，与人相处也以和为贵。不过，爱玩的它有时候也会同其他同伴争宠。如果同伴做了一件什么事情得到了主人的夸奖，那凯恩梗肯定会在接下来的几天内非常忙碌，因为，它要给主人惊喜。它会先选一个能让主人高兴的东西，这可能是找了几天也没有找到的项链。它会把项链藏好，等到适时的机会再拿出来。果然，主人非常高兴，还拍了拍它的头，以资鼓励。凯恩梗高兴之余，还会对同伴露出"怎么样，你不行！主人还是最喜欢我"的表情。

动物档案

克伦伯猎犬

栖息地：英国

体型：中型犬

丛林追踪好手

　　克伦伯猎犬的眼睛呈深琥珀色，表情比较柔和。耳朵顶部比较宽，位置较低，耳朵呈三角形，有少量的装饰毛。吻部比较宽而且深，鼻子比较大，呈方形，褐色。颈部比较长，且肌肉发达强壮，背部较直，胸部比较深且宽。腰部稍微拱起，尾巴和地面平行。披毛比较浓密，触感柔软，能够抵御寒冬。体色多为白色、褐色等。

● 工作要讲求质量

　　克伦伯猎犬是以慢出名的狗狗，它不是一般的慢，而是相当的慢。这让它非常适合在密林中工作，因为它总是能悄无声息地接近猎物，等到猎物反应过来时早已成为瓮中之物，无处可逃。而且你也从来看不到它着急紧张的表情，因为它总是小跑般慢悠悠地工作。在野外工作一天，它不会像同类一样感觉筋疲力尽，到收工时，它的工作状态依然如初。这让它的工作很稳定，不会出现太多起伏。

● 知足常乐

　　慢腾腾的克伦伯猎犬，非常喜欢主人跟它一起玩耍。它会伸长脖子，竖起尾巴，轻快地小跑到主人跟前，不停地跳跃，以表达自己无法言说的快乐。游戏时，还会吐着舌头，上下抖动耳朵，"哈哈"地向主人撒娇，即使一个简单的衔取游戏，它也很知足。

● 眼皮底下的放心

克伦伯猎犬对自己喜欢的东西都有强烈的占有欲。如果主人给它一个新的玩具，它马上会表现出忘乎所以的状态，满眼都是兴奋的光芒。为了防止玩具丢失，它会用前腿用力地夹住玩具，表示"这是我的，谁也别抢"。这个时候它还不忘用牙齿咬着，摇晃着走到哪里就把玩具带到哪里。只有放在自己眼皮底下，才能最放心。

动物档案

库瓦兹犬

栖息地：匈牙利

体型：大型犬

非凡的守卫者

　　库瓦兹犬和大熊犬比较相似，二者被认为有共同的祖先。库瓦兹犬非常优秀，身体较为结实，能够很好地维持平衡。披毛颜色为纯白色，毛色没有任何斑块。库瓦兹犬的行动很是轻快，骨骼虽然粗壮，但并不笨重。体色为纯白色。

● 到处都洋溢着幸福的声音

　　有人研究发现，库瓦兹犬特别容易满足。它在心情好的时候，会向主人发出愉悦的撒娇声，主人通过声音可以准确判断出它的心情好坏。玩耍过后，它就会懒洋洋地躺在那里发出幸福的声音；还有，主人对它的注意也能让它发出幸福的声音；温文尔雅的它在照顾小朋友的时候也会发出幸福的声音。

● 朋友也是选择的

　　库瓦兹犬对陌生人非常有礼貌。看似相处得很融洽，其实并没有往心里去，社交只是让大家混个脸熟，但是想成为它的真正朋友那可不是件简单的事。它交朋友非常谨慎，在没有判定出对方值不值得信任之前，都是酒肉朋友。但是，只要它真心接纳了朋友，它随时都会为保护喜欢的朋友付出一切，哪怕是生命。

●只要一个肯定

库瓦兹犬是一名极好的护卫犬，因为它有着当断则断的判断力。当遭遇突发状况，它在没有得到主人指示前，就能在最准确的时间，采取最正确的行动，无所畏惧地向前冲，且不知疲倦地坚持到战斗胜利。而它也不会要求主人如何如何，只要肯定就好。

动物档案

灵缇犬

栖息地：意大利

体型：大型犬

速度的代言人

灵缇犬的头部比较长，吻部和锥形比较接近。它的鼻孔和其他犬类相比较大，可以在冲刺时保证空气充足。体毛比较光滑，呈现波状行，胸部比较深，脊柱弯曲灵活。灵缇犬的前肢是笔直的，臀部和后腿的力量非常大，肌肉有凸起。灵缇犬的尾巴比较长，呈下垂状。体色多为黑色、白色、斑纹色等。

🟢 找的就是你

曾经有人做过这样的实验：让与灵缇犬熟悉的三个人站在距离灵缇1.5公里的地方，彼此之间分别相隔30米，面朝灵缇的方向排好。实验人只要向远处的三人挥手示意，并大声地问灵缇犬："A在哪里？"灵缇犬得到指令之后会先望向1.5公里处，然后立刻跑到A所站的位置。同样的距离，它的主人被人团团围住，如果让灵缇犬找出主人的位置，它也会毫不犹豫的找出准确的位置。

🟢 其实没有想象的那样坚强

灵缇犬性格聪明机敏，活泼好动，渴望与人类和睦相处。它在外面总是表现得很坚强，可是只要别人对它表露不满或大声训斥时，就会感到非常受伤。回到家后，就会恹恹地蜷缩在旮旯里。在它想不明白的时候，就会缠着主人，听主人说话，这样它才会有安全感。看着主人担忧的眼神，它也会主动要求工作，慢慢在工作中寻找自信。

● 我的条纹比你多

灵缇犬的听觉不好，但它是世界上速度最快的狗狗，一般时速可以达到每小时64公里。并且眼睛也非常厉害，不仅可以看到远方的猎物，还能在移动中远距离地观察猎物，这样让它即使在听觉不良的情况下也能帮助主人捕获猎物。有研究人员发现，狗狗的眼睛就像一只横放的椭圆体，在椭圆体两端之间紧密地排列着细胞，一条水平条纹从中穿过，而条纹上同样密集地排列着众多的细胞，这些细胞决定了眼睛的敏感度。而灵缇犬眼睛里的条纹要比其他同类的多，自然决定眼睛敏感度的细胞也就多，这也充分说明了灵缇犬天生就是靠视觉来捕猎的狗狗。

● 为自己寻找温暖

灵缇犬是怕冷的狗狗，在冬季它除了跟主人外出以外很少出门，大多数时间都躲在温暖舒适的地方。从前，与主人一同狩猎，即使天气冷它也要工作，灵缇犬就自己寻找可以取暖的方法：它跑，通过运动来抵抗严寒；再有，就是休息的时候依偎在主人的身旁；更多的则是和同伴们互相取暖。

动物档案

罗德西亚背脊犬

栖息地：南非

体型：中型犬

优秀的群猎犬

罗德西亚背脊犬头部比较平坦，双耳之间的距离比较宽，大小适中。眼睛略圆，鼻子黑色、褐色或者肝色。身体的长度略大于肩高，但是搭配比较协调。四肢比较强壮，尾巴尖端较细，位置中等，略微有些上翘，但不会卷曲。披毛较短，毛发浓密。体色大多为金黄色。

●我用哀鸣表哭泣

罗德西亚背脊犬不会像人类那样通过眼泪表达悲伤，它们往往通过类似于人类哭泣的哀鸣声来告诉主人"我很伤心"。尤其当它还小的时候，离开家乡，离开母亲温暖的怀抱，到一个完全不熟悉的环境里，因思念母亲、同伴就会发出"鸣鸣"的叫声。它希望通过自己的"诉说"，能让主人理解它悲伤和痛苦的思念。

●忍耐中的进步

罗德西亚背脊犬是个耐受力非常强的狗狗，它们通常陪伴着主人在非洲内陆的环境里狩猎。在这样温差极大的环境内，罗德西亚背脊犬学会了忍受一天没有喝水的日子，学会了团队合作，因为只有如此才能在恶劣的环境下更好地完成主人交给的任务。

●快乐无需掩藏含蓄

活泼好动的罗德西亚背脊犬表达快乐的方式有些不太含蓄，可以说非常直接。如果它高兴那是尾巴摇着，嘴里还要"汪汪"低音调地叫着，就连整个身体也要扑到主人的怀里，不停地舔主人的手和脸。它用这种方式告诉主人它现在很好、很快乐。与同伴表达更狂野，会仰躺在一起打打闹闹滚成一团，"你打我一下，我就回你一下"。

●一个好汉三个帮

狮子在动物中那可是属于殿堂级的高手，一般就是老虎之类同级别的野兽也不敢轻易招惹它。别人不敢，罗德西亚背脊犬却敢。不过，它们不是单独行动，通常三只一个团队。它们也知道单打独斗不是狮子的对手，那还是群策群力吧。团队中人互为掎角，有的引诱、有的攻击、有的防守，变换队形的灵活程度令人吃惊，往往几秒中就一个队形，让狮子也无所适从。

动物档案

罗威纳犬

栖息地：德国

体型：大型犬

最具勇气和力量的犬

罗威纳犬头部中等长度，头盖骨比较宽，鼻子和嘴部比较短且厚，前额会稍微隆起，双额非常扩张，有些罗威纳犬的头上还有皱纹。双耳中等大小，两耳距离比较开，耳根比较高，双耳自然下垂，和头部处于同一平面。眼睛呈杏仁状，颜色为古铜色。四肢比较强壮，背部比较直，腰部略微有些倾斜。披毛较短，体色多为黑色、灰色、淡棕色。

●明辨善恶是非

罗威纳犬的智商很高，它能听从口令服从主人的智慧。它还有自己的判断力，非常善于分别善恶是非。比如发现有人偷拿下水井盖，明明不关它的事情，可它还是会大声地吠叫示警，还能帮助警察追捕偷盗者。如果主人明明答应给它换狗粮，可主人忘记这件事情，依然买的是原来的牌子，它不喜欢的口味，这让它非常生气，决定一天不理他，以惩罚主人的食言。

●亢奋的工作犬

罗威纳犬工作起来会处在一个非常亢奋的状态。在这个状态下它的注意力非常的集中，抗干扰能力也强，不论做什么都能做得很漂亮。通常这个状态可以保持在一个小时以上，比一般的牧羊犬的兴奋状态还要高上半个小时左右。而它自己也明白什么时间的状态最好，通常在这段时间内都会非常忙碌。

● 名副其实的守财奴

罗威纳犬体格强壮、动作迅猛，还能辨是非，生来就是当警卫的料，再加上其具有强烈的攻击性，所以中世纪的很多大商人都把它当成保险柜。商人们为了避免金钱被偷盗遭受损失，就把钱装进袋子里，然后挂在罗威纳犬脖子上。罗威纳犬就成了名副其实的守财奴，每天带着主人的钱袋招摇过市，可是真正敢动手的盗贼却没有几个。再说罗威纳犬也是时刻关注着它的钱袋，即使挂在自己的脖子上，但睡觉、吃饭的时候总是会时不时地低头看看。盗贼是有贼心没贼胆，敢于和气势如此强悍的罗威纳犬去抢，那得有多大的勇气啊！

动物档案

马犬

栖息地：比利时

体型：中型犬

军、警两界同青睐

马犬是一种中型犬，头部和颈部的姿态比较优雅，四肢站立的时候呈正方形。马犬和比利时牧羊犬非常相似，四肢粗壮有力，充满力量，而且它的骨骼有变轻的趋势。体色多为浅黄色。

● 我的最大乐趣

马犬对最大的兴趣就是做游戏，它把与主人玩耍当成是生活最大的乐趣。有时候，主人工作太累不想跟它玩儿，它虽然会乖乖地自己玩儿会，可它还是会主动地寻找机会让主人答应它，比如在主人休息或开心的时候。

● 天生的劳碌命

马犬天生好动，精力旺盛，看上去永远是那么的神采奕奕，没有一丝疲惫。它特别喜欢工作，可以在工作中获得更多的快乐，所以主人的命令它从不反驳，并且总是立即执行。下班后，刚回到院子里的小窝，可是没安静多久就又当上了义务的哨兵。它在院子来回奔跑、围着房子来回巡逻，每天不到凌晨两点是不会去休息的。真是勤劳的模范！

● 还真是个自来熟

马犬总是特别自信，当有陌生人接近它时，即使没有主人给它口令，它也会友好地招待来人。不过，它虽然能接受陌生人，但是还会有所防备，相较而言，它还是更喜欢同熟悉的老朋友相处。主人带它到新的公园玩儿，一切都是陌生的，身边只有主人。它转头望望主人，看到眼神里的鼓励和肯定后，一扭头就去玩儿了。没一会儿，就跟公园里许多的同类交了朋友，还认识了许多小朋友。

● 心底的恶魔在作祟

马犬的嫉妒心非常强，你可千万不要在它面前做出分别对待的事情，否则它是会生气的。比如说伙食你好我差、突然改变进食的顺序，有特权待遇等厚此薄彼的行为，甚至这些连主人自己都没有注意到，但是马犬却放在心里了。于是，它在心里就列出了一个主次列表，等到主人再想要马犬工作的时候，它也就不会听主人的了。它会露出"既然它好，你怎么不去找它，找我干什么"的表情。自己该玩玩儿，该吃吃，就是不理主人。这个情绪要持续好久，才能慢慢平复。

● 天生军警的料

马犬出身于军警世家，其祖辈就从事着军警的许多工作。它利用嗅觉来追踪敌人，利用警觉来放牧，利用饱满的热情从事夜间的警卫工作。同时，它的服从性也很好，攻击力也强，适应能力也非常突出，这些优点一综合，这马犬不干军警都可惜了，天生就该吃军警这行的饭。

动物档案

曼彻斯特梗

栖息地：英国

体型：小型犬

捕鼠高手

曼彻斯特梗的头部比较长且窄，皮肤紧紧贴在头骨上，几乎都是平的。双耳直立，耳型没有好坏之分，耳根较宽，耳尖较细。眼睛呈杏仁状，为褐色，小但却很有神。外眼角有些轻微地向上倾斜。鼻镜为黑色。四肢比较强壮，肌肉发达有力。体色多为黑色带丰富的桃花芯木的棕色，不过这两种颜色不能掺和在一起，边界要清晰。

● 就是喜欢新鲜的感觉

曼彻斯特梗是种很活泼的犬。如果它要是感到无聊的话，那肯定是玩够了还没有找到新的目标。为了把自己的状态调整好，曼彻斯特梗即使懒洋洋地趴在那里，耳朵也在不断听着，眼睛也不断寻找新的目标。只要有刺激的东西出现，它就会立刻起身跑去看个究竟。

● 6分钟的傲人战绩

机敏的曼特斯特梗是优秀的捕鼠能手，它视觉敏锐，身手敏捷，这让其特别精于捕捉啮齿类动物。在19世纪末，曾经有一只叫贝利的狗狗，在捕鼠比赛中只用了6分钟多一点的时间就捕杀了100只老鼠。平均4秒钟杀死一只老鼠，这是什么概念啊，不愧为头号老鼠杀手。

● 好脾气并不代表没脾气

曼彻斯特梗属于安静犬，不管是对人还是对同类它都很友善，没有什么攻击性。但它有一个特点就是辨别能力很强，能分得清敌我。如果你是我方，那万事好商量；如果你是敌方，那就别怪我不客气了，你现在惹我不高兴了，请你马上走开。它虽没有攻击性，可是它也不怕事。在动怒时，身体变得僵直，四肢也都伸开，犬毛倒竖，同时嘴里还会发出威胁性的声音，以恐吓对方，让其自动后退。

●内务必须整洁

曼彻斯特梗特别爱清洁，每次跟主人狩猎回家，进门前都会先抖落抖落身体，把那些粘在身上的浮尘和树叶之类的东西都抖掉。进门后会把几天没有住的小窝也收拾干净，才会舒舒服服地睡一觉。等到主人休息好后，还会找机会让主人给它洗个澡。

动物档案

美国猎狐犬

栖息地：美国

体型：大型犬

洒脱不羁的猎犬

美国猎狐犬的脑袋长度适中，枕骨处有略微的圆拱形，双耳比较长且宽，耳根较低，无法直立，耳尖略圆。眼睛比较大，双眼的间距比较远，颜色为褐色或浅褐色。颈部比较结实，长度适中，皮肤上面没有折痕。背部的肌肉比较发达，腰部较宽，且有些圆拱。臀部肌肉有力量，是猎狐犬动力的来源。尾巴上举，但不会超出背部，有轻微的卷曲。颜色没有特殊要求，可为任意颜色。

● 思考的行动力

美国猎狐犬性格开朗，但是在进行某一项工作的时候，它还是会思考的。狗狗思考不会在某个时间段进行，而是会在行动前的那一瞬间进行，比如说在跑步中、吃饭或游戏时。等它思考完毕会立即行动，不会想东想西想那些没用的，先做了再说。不成功再说。如果真的不成功，那它会重新思考这件事情，并把自己失败的经验总结到新的实施方案中，一次又一次，直到成功为止。

● 我是天生的活力派

精力旺盛的美国猎狐犬，在生活中充满了活力，让主人感受到很幸福。它经常把院子里的石头、小朋友的小电动车、椅子等都被它当成跨栏的障碍，它像表演一样嗖嗖地跨越这些障碍。有些时候还会跟小朋友玩藏猫猫，它总是很快找到，谁让人家的鼻子厉害呢！

● 与众不同的报告声

美国猎狐犬与猎手共同追猎狐狸时，通常都是组团群猎。虽然团队的力量大，可是每一条美国猎狐犬都希望能当主人心里最特别、最重要的一员，所以在群猎时都会争先恐后地向前跑，如果发现猎物还会发出一种与众不同的声音，以便主人能在第一时间就分辨出到底是哪一只美国猎狐犬在报告。

动物档案

纽芬兰犬

栖息地：加拿大

体型：大型犬

天生的救生员

纽芬兰犬体型巨大，属于大型犬。纽芬兰犬的头部比较魁梧，脑袋比较宽阔，看上去很有力量。眼睛比较小，为深褐色，双耳呈三角形，比较小，且尖端有些圆。颈部和背部肌肉比较结实，背部线条很是平稳，胸部比较深，臀部较宽，略微倾斜。尾根比较宽而且结实，没有扭曲。狗狗站立的时候，尾巴会自然下垂，运动的时候尾巴上举，但不会卷曲到背后。体色一般有黑色、棕色、灰色及黑白双色。

● 挂着金质奖章的勇士

纽芬兰犬的体型非常巨大，同时它也非常聪明。它可以帮人们拖拉渔网，还能牵引小船靠岸，不过最喜欢的还是在水里救起落水者，也不管他们是否愿意被救起。所以，千万不要带它到海滩上散步，否则海水里游泳的游客都将是它眼里需要被救助的对象。在20世纪20年代，就有一只纽芬兰犬在海难中勇敢地拖拉着一艘救生船将20个遇难者安全转移到岸上，它还因此被授予了金质奖章。

● 勇猛无畏的后勤部长

纽芬兰犬是一种深情、甜蜜的狗狗，虽然看上去有些像熊，其实它并没有那么可怕，它的脾气很好，对人类也很亲近。在第二次世界大战时期，它就曾经在暴风雪中给军队运送过给养和弹药。那时候条件真的很艰苦，要不时地闯封锁线和枪林弹雨，凭借着勇敢和坚韧的精神，纽芬兰犬出色地完成了任务。

● 救生员的强大后盾

纽芬兰犬之所以敢潜入水中救人，最根本原因还在于它有一个强壮的身体。它厚厚的被毛可以抵御海水的冰冷；强健的后肢和大大的肺活量，保证了它能够游得够远；身体足够壮，让它能将落水者驮到安全地带。强大的后盾让纽芬兰犬毫无后顾之忧，每天只要做着喜欢的工作，它就很开心了。

● 合理规避伤害

纽芬兰犬虽然担任着重体力、高危险的工作，它却很少受到伤害，它很善于保护自己。纽芬兰犬在工作时，不管是救人还是拉车送货，它都会保证精神的高度集中，并且眼观六路耳听八方，当发现前方出现不妥就会及时规避。它不会有太多的好奇心，更不会上前凑热闹，而是继续工作。

动物档案

挪威猎麋犬

栖息地：挪威

体型：中型犬

北方的勇敢者

挪威猎麋犬外表上看是典型的北方狗，体型中等，呈正方形。头部比较宽阔，双耳直立，身体结构很牢固，比例协调。尾巴略向后卷曲。非常勇敢，耐力十足。体色为灰色，其他颜色都不合格。

● 猫抓老鼠的游戏

挪威猎麋犬有极敏锐的感觉，它可以依靠嗅觉直接追踪猎物1500～2500米。在很远的地方如果有麋鹿在叫，它都可以通过听觉察觉。当发现猎物时会向主人大声吼叫，并向着目标猎物追击。它的追击不是猛追，而是跟在猎物之后，用吠叫声把猎物，如麋鹿等大型动物驱赶到绝路。它始终是"真人不露相"，猎物就是想反击都找不到目标。

● 成绩好，那是努力得来的

挪威猎麋犬是一种非常有主见的狗狗，它经常帮助主人管理农场里的鸡、鸭等家禽。虽然没有以前狩猎潇洒，并且它也不是很擅长跟两只脚的动物打交道，但一切都是从没有经验开始的嘛。它白天熟悉家禽的生活习惯，夜晚它就负责警戒任务。这是它的老本行，也许还能碰到它的"老朋友"呢，比如说狐狸。

●潇洒的密林战士

精力充沛、耐力极强的挪威猎麋犬，它能够适应恶劣的气候和严峻的地形，曾经陪伴北欧猎人整日奔波在密林之中。挪威猎麋犬对于猎捕，如山猫、麋鹿、浣熊等四足动物特别擅长，而它的主人——北欧猎人也乐得如此。

动物档案

平毛寻回犬

栖息地：英国

体型：中型犬

快乐的天使

　　平毛寻回犬的头部比较适中，并不夸张。颈部长度中等，背部线条呈现水平状，胸腔很深，胸骨十分清晰，前胸有明显的凸出。四肢有力结实，披毛比较浓厚，腿部和尾巴上还有装饰的毛，尾巴呈波浪状，体色为纯黑色或纯肝色。

● 主动提醒主人外出

　　一般在阴雨寒冷的天气，宠物的主人都会延迟或推掉带宠物出行的计划。平毛寻回犬在遇到几次这样的待遇后，再出现这样的天气，它就会有所行动。如果主人在看书，它就会把自己外出所用的项圈找出来，叼到主人的脚边，当主人的注意力转到项圈上时，它会"汪汪"地提醒主人时间到了，主人拍拍它安慰道"等一会儿再出去。"它得到命令后，会安静地等在一旁。几分钟后，它发现主人没有动静，就会把主人外出穿的鞋子找出来，叼到主人的面前提醒主人"一会儿"的时间已经到了，还会拿项圈轻轻推主人的手，让主人动作快一点儿。

● 列队欢迎主人回家

　　每当主人还没有进家门时，平毛寻回犬都能嗅到主人的气味，知道主人已经到家了，马上发出特殊的吼叫声，提醒家里的其他成员给主人开门。然后冲到门口迎接主人回家，殷勤地拿包、拿鞋子，跑前跑后地忙碌。

●猎物的精确地点，我知道

平毛寻回犬经常和主人一同外出狩猎，每当主人射中天上的飞禽，它都能将主人射中的猎物准确地找回。这是因为平毛寻回犬能利用敏锐的视觉追踪飞禽的飞翔轨迹，从而将猎物的运动轨迹图输入大脑，再经过大脑的高速运转，就能准确判断出猎物落下的地点。因此，每次它都能够准确地找到猎物落下的位置。

●无法挡住的诱惑

平毛寻回犬很喜欢吃苹果或梨等水果，聪明的它为了能吃到美味的甜食，总是百般讨好主人。主人让它蹲下就蹲下，让跑就跑，总是最快完成主人的指令。因为它清楚只有让主人高兴才能得到奖赏。平毛寻回犬之所以无法抵挡甜食的诱惑，主要是因为这些水果中含有呋喃酮。在它品尝美食时，舌尖上的甜味味蕾会与这种化学物质发生反应，瞬间激活了它的味觉，所以，它才会那么爱吃甜食。

动物档案

葡萄牙水犬

栖息地：葡萄牙

体型：中型犬

游泳和潜水杰出者

葡萄牙水犬的头部比例比较匀称，给人留下了深刻的印象。身体呈矩形，体长要比肩高长，四肢比较结实，骨骼较发达有力，披毛适中，既不粗糙也不精细。披毛呈现波浪形或卷曲状。尾根比较有力，尾巴高高上举。体色为黑色、白色和褐色。

● 你钓鱼，那我就去赶鱼

葡萄牙水犬是游泳和潜水的双料人才，而它的特殊才干常常用于帮助主人捕鱼。主人把鱼网撒入水中后，葡萄牙水犬就潜入水中寻找鱼群，当它感知到鱼群所在就会潜入鱼群的后方朝着鱼网的方向进行驱赶，等把鱼群赶入鱼网内，就顺势把鱼网也从水中拖出，主人则把鱼网拽上渔船。

● 尾巴支撑起的信使

聪明的葡萄牙水犬不仅能够将海中失落的渔具找回，还能帮海上的渔船互通有无，也能替渔船往岸上送信。它之所以能这么准确地掌握往返地点，是因为它有一个可靠的舵手，这就是它的尾巴。葡萄牙水犬尾巴的尾根有力而厚实，当它潜入水中时，尾巴会漂亮地举起，充当航行舵手。它利用自己的尾巴，一次次完成了它的信使工作。

●远航渔船上的捕鱼者

葡萄牙水犬曾经跟随主人乘坐远航渔船从浅海到冰冷的深海中捕捞鳕鱼，深海比浅海更加危险，但葡萄牙水犬面对严峻的考验更加沉着冷静，也更加勇敢。因为，它的主人在看着它，它必须成功。好在它的"装备"够好，厚厚的防水被毛让它可以抵御海水的冰冷，脚上的蹼不仅增加了游泳的速度，也让它更加省力。经过耐心的等待，它终于发现鳕鱼。它和主人配合默契，终于完成了捕捞任务。

动物档案

骑士查理王猎犬

栖息地：英国

体型：小型犬

生来就惹人疼的宝贝

骑士查理王猎犬的体重和身高是呈正比的，非常协调。身体正方形，但是从肩部到臀部的长度要比肩高长，骨骼中等，比例比较匀称。披毛长度中等，比较柔软、卷曲，耳朵、胸部、腿部和尾部上面还有装饰毛。体色为栗色加珍珠白斑块，但耳朵必须是栗色的，耳朵也必须是黑色的第三种则是火红色。

● 同类充当起我的"助听器"

英雄迟暮，当骑士查理王猎犬渐渐衰老，听觉出现障碍时，好在主人为它找了新的伙伴，它们一同生活。每当新伙伴向门口吠叫着跑去，它也紧随其后，因为它知道让新伙伴这么高兴的只有主人，是主人回来了。等主人进屋，它也会像往常一样热烈欢迎主人回家。新伙伴伸伸腰，甩甩尾巴，然后高兴地向主人跑去时，骑士查理王猎犬知道这是主人在叫它们吃饭。就这样，聪明的骑士查理王猎犬利用身边的"助听器"让它在没有听觉的情况下快乐地生活着。

● 天气是我的运动安排表

骑士查理王猎犬跟许多同类朋友的运动时间不同，它对天气有一定的要求。它在天气不好，如下雨、炎热、寒冷时，宁愿在沙发上窝着也不愿出去；天气凉爽舒适时，就会高兴地跑出去散步或者来个3000米长跑都是常有的事情。骑士查理王猎犬之所以对天气有如此的要求是因为它不能忍受寒冷和潮湿的天气，这样的天气它如果出去运动，身体就会非常不舒服。于是，对这样的天气它就聪明地选择避让。

●动静之间的平衡

骑士查理王猎犬是一种"动如脱兔、静如处子"的狗狗，它在动静之间总是能平衡得很好。如果主人让它跟小朋友玩儿，那它就会高高兴兴地陪着，可是当它看到小朋友玩累了，或是玩的时间久了，又会慢慢地静下来陪着玩一些静态游戏，让小朋友歇歇。时间拿捏得十分得当，这也是主人把小朋友交给它的原因。

●善解人意，巧得主人心

骑士查理王虽为猎犬，却很少参加狩猎工作，它更多的是陪在主人身边。长时间的相处，让它练就了火眼金睛。它能从主人的各种表情中揣摩出其真正的含意，所以它总能轻而易举地得到主人的宠爱。比如男主人早上起床后习惯看报，今天却没有在餐桌上发现报纸，于是就抬眼四顾，骑士查理王猎犬在一旁看到了，马上颠颠地跑了出去，从外面报箱里把报纸拿给主人。原来，今早女主人忘记拿报纸了。

动物档案

萨摩耶犬

栖息地：北俄罗斯和西伯利亚

体型：中型犬

萨式"蒙娜丽莎"的微笑

　　萨摩耶犬被称为是"微笑天使"，深受人们的喜爱。萨摩耶犬的双耳直立，呈三角形，双眼间距比较大，颜色比较深，鼻镜则为黑色。身体较长，但肌肉比较发达，胸部深，前躯比较直，腰部肌肉比较结实。后臀比较发达。体色为白色或浅棕色。

● 共建和谐邻里关系

　　充满活力的萨摩耶犬虽然十分有活力，可是它从来不会无所顾忌地吵闹，因为它知道主人不喜欢这样，每次邻居家的宠物半夜大叫时，主人就会非常不高兴，还会失眠。如果它也这样，不仅主人不喜欢，想来也会给其他的邻居造成麻烦。可见，萨摩耶犬是个非常注意别人感觉的狗狗。不仅在家里如此，它在外面也非常注意。如果在外遇到邻居家的狗狗，只要对方不招惹它，它就不会主动去挑衅。它总是文静地在一边该做什么就做什么，如果邻居狗狗想跟它一起玩儿，它也能愉快地接纳。为了两家主人的关系更近，它得作点贡献。

● 萨式百米纪录

　　有报载，在20世纪70年代的荷兰，曾经有一只萨摩耶犬创下了5.925秒的百米纪录。可见，萨摩耶犬的耐力和爆发力是多么惊人。它能取得这样的成绩，首先要感谢它自己。萨摩耶犬的骨头非常坚固，对它的内脏器官起到了支撑和保护作用，这是它有爆发力的主要原因。其次就是它强壮发达的肌肉，让它可以忍耐长时间的奔驰。最后，就是它的技巧，如何跑也是一门学问呐！三者相结合，缺一不可。

● 机会总是留给有准备的人

萨摩耶犬主要靠记忆来学习。主人的口令、手势它都能记住。有时候，简单的手势指令并不能表达复杂的意思，通过模仿它也能明白要怎么做。它总是在不断地学习，不仅是学习身边的人，也包括陌生人。通过学习，它不仅可以表演各种动作，最主要的是，它可以帮助主人做一些力所能及的事情。比如主人是位行动不便的人，那么它就可以帮助主人拿拐杖或是推轮椅，又如去报摊买报纸、杂志等。

● 探险家的先遣队

萨摩耶犬的忍耐力和健壮都是它闻名于世的理由，也正因为这个特点，它曾经先后从事过探险南北极的工作。虽然，它不知道自己的工作有多伟大，可是从主人的口中多少了解了一些。它适应能力良好，没有任何的不适。平常它就帮着科考人员拉雪橇、探路、规避危险等，有时还负责给他们枯燥的生活加点儿乐趣。

动物档案

塞式猎犬

栖息地：英国

体型：小型犬

忧郁达人

　　塞式猎犬的脑袋有些长且宽，眉毛比较浓密，眼睛呈榛色，大而有神，有时也略显由于。双耳非常大且厚，位置很低，只比眼睛的外眼角稍微高一点。颈部比较结实，稍微有些圆拱，但是头部无法抬得太高，没有太多赘肉。整个身体比较长，胸部比较宽，背部肌肉发达。披毛比较丰厚，有时也会呈波浪状，甚至是卷曲状。体色多为金肝色。

● 灌木丛中的叫声

　　塞式猎犬在浓密的灌木丛中总是能行动自如地帮助主人追踪猎物。灌木丛中的猎物都非常狡猾，可是它们再狡猾也翻不出塞式猎犬的手掌心。塞式猎犬聪明地利用嗅觉追踪到它们经过灌木丛时留下的气味，然后就一直追，直到发现目标。如果是在主人猎枪射程范围内，它就会发出尖锐的吠声告诉主人，可以直接锁定目标；如果是在射程之外，就按照平常的叫声报告，告诉主人上前之后再实施具体的抓捕行动。

● 我不是小白花

　　从塞式猎犬的外表上看，它表现得非常忧郁和严肃。许多人都被其忧郁的表情所打动，其实它特想告诉大家，它可不是可怜的小白花，每天跟主人在一起都非常开心。再说，它的武力值可是相当高的，小心被打哦。不过，有些时候它还常常用自己忧郁的表情来唤起主人的注意力，以获得主人更多的关爱。

●鼻子可是无价宝

虽然，塞式猎犬没有灵缇的速度，可是它有狩猎的恒心。再有，它的鼻子可是非常出色的，这是无价之宝。它靠着鼻子来追踪猎物残留的异味，以发现目标，及时报告主人。

动物档案

沙皮犬

栖息地：中国广东南海

体型：中型犬

王者风范

沙皮犬是斗狗之一。头部和河马比较相似，嘴部比较宽阔，眼睛呈三角形，略显忧虑。幼年时期，沙皮犬的全身都充满了褶皱，所以才叫沙皮狗。沙皮狗的身材比较娇小，头部占了很大一部分。鼻子为黑色，舌头是深蓝色。双耳较小，且自然下垂。尾根较粗，尾尖比较细。体色多为金黄色。

● 看我的百变战袍

沙皮犬是一个非常爱打斗的犬，是什么让它这么无所顾忌地跟人打架呢？这是因为沙皮犬有一件最大的利器，就是它的战袍。它完美利用了这件战袍，打得对方落荒而逃。它的战袍就是自己的那身沙皮。沙皮犬身上的沙皮远观犹如天鹅绒，顺毛摸的时候，也确实如此。可是，你要是倒着摸，那就跟摸砂纸似的，并且还有刺痒烧灼的感觉，尤其在沙皮犬在跟对方打斗的时候更明显。对方根本不敢咬，只能是用四肢和身体，自然要比能嘴、四肢、身体一起用的沙皮犬略差一乘。

● 热场的小司仪

沙皮犬外表忧郁，似乎充满了哀怨，其实沙皮犬非常开朗、活泼，又顽皮又好玩。它把所有的爱都奉献给了主人一家，它把自己当成家庭的一份子。所以，在主人开家庭会议的时候，它总是跟着蹲坐在主人身边认真聆听。家庭活动它更是积极参与，并且趁机发挥它的特长，当个快乐的小司仪，专门负责热场。

●我需要自己的空间

沙皮犬虽然喜欢与人亲近，待人也彬彬有礼，但却有很强的独立性。它非常爱干净，经常把自己和自己的小窝收拾得整齐干净，主人能偶尔观察观察，同类是坚决不允许进入的。如果主人想给它换一块毯子，还得征得它的同意，否则它是不会让主人拿走毯子的。

动物档案

舒柏奇犬

栖息地：比利时

体型：中型犬

优秀的守门犬

舒柏奇犬脑袋中等宽度，略呈圆形，双眼比较小，呈杏仁型，为深褐色。双耳较小，呈三角形，位置比较高。鼻镜小，并且为黑色。颈部为中等长度，呈圆拱形。背部线条呈水平状。肩胛看起来要比臀部高出许多。胸部比较深，腰部较短，且肌肉发达。尾巴较短，看起来像没有似的。外层披毛比较粗硬，底毛柔软。体色为黑色。

●狗狗充当的船工

曾经，精力充沛的舒伯奇犬主要是在船上工作和生活，因为它可以为主人执勤站岗。虽然舒伯奇犬体型娇小，但是它的内心却始终保留着好斗的个性。正是因为这一特质，才让它更胜任这份工作。舒伯奇犬在夜晚放哨的时候，会不停地在船的周围巡逻，如果发现潜入者就会发出警告。

●主人的话就是命令

舒伯奇犬的好奇心特别重，它对周围发生着的每件事情都感到无比新奇。而它现在的任务是照顾小朋友在庭院内玩耍，一边是自己感兴趣的事情，另一边是主人的命令，选哪边呢？毫无疑问，舒伯奇犬还是会选择后者，因为它知道主人的指示最重要。对主人要无条件服从是舒伯奇犬的最大特点，它清醒地知道主人无论何时永远都是对的，错的也是对的！

●陆地上的捕快

舒伯奇犬是追捕野兔和鼹鼠的高手，它的体型轻巧而柔软，动作敏捷灵活，让它更能适应捕捉狡猾的野兔和鼹鼠。它工作到亢奋状态时，鬃毛会全部逆向竖立，这是威慑猎物的武器。所以，它经常拿出来辅助狩猎。

动物档案

斯开岛梗

栖息地：英国

体型：小型犬

独具魅力

斯开岛梗的头部比较长，非常有力量，眼睛为深褐色，中等大小，双眼的间距比较短。双耳整齐对称，或下垂或直立，身上有装饰毛。直立时耳朵中等大小，垂耳的话耳朵较大。颈部比较长，曲线优美。背部线条为水平状，身材较为矮小。尾巴自然下垂，有美丽的装饰毛。体色有蓝色、黑色、银色、灰色或者浅棕色等。

● 害怕的不是好狗

有人发现，斯开岛梗不论是工作还是生活中遇到什么事情都会勇敢地面对，似乎它从不知道害怕。比如要是斯开岛梗碰到一个来势汹汹的强大挑战者，它会自动忽略对方强大的威慑力，只是细心地观察着对方的每一个举动，以便从中找出对方的弱点。害怕并不能解决问题，光害怕有什么用，有那时间还不如想想解决的办法呢！

● 快乐是自己找来的

斯开岛梗特别喜欢玩追逐游戏，也喜欢跟主人一同外出。在做这些事情的时候它特别快乐，工作起来也非常起劲。如果主人没时间，它会自己玩儿或是找别的家庭成员或是同类一起。因为，快乐是要自己寻找的。

●地下的挖掘机

斯开岛梗的嗅觉灵敏，专门帮助主人捕捉水獭、狐狸和獾等小动物。这些小动物多住在它们自己挖的洞穴内，斯开岛梗先是用嗅觉找到猎物的洞穴，然后用它短而健壮的腿充当挖掘机，等到"庐山露出真面目"时，自然就是它丰收的时刻。

动物档案

松狮犬

栖息地：中国

体型：中型犬

最受喜爱的犬中明星

松狮犬的头部比较大，骨骼比较粗壮，很是有力。松狮犬的体型比较匀称，身体肌肉比较发达。颈部比较结实，当站立的时候，颈部比较长，头部高高凸起。背部线条比较直，从肩部到尾部保持水平。身体较短，宽厚，侧翼有些下沉。体色为红色（淡金色到深红褐色）、黑色、蓝色、肉桂色（浅黄褐色到深肉桂色）和奶油色。

●别争当出头鸟

松狮犬是一种非常独立、有主见的狗狗。如果主人让它看守牧场，它就会先把牧场巡视一遍，做到心中有数。然后再认识牧场里的每一位成员，接着就是立规矩的时候。松狮犬的威严使得它的管理工作进行得很顺利。在每天的工作中，它都会按照心里的流程表进行工作，如果遇到一个刺头儿挑事儿的话，那它会毫不犹豫地予以镇压以作效尤。

●狗中的全能型狗才

上天赐予松狮犬极大的天赋，让它一个人就能完成所有的工作。真是十八般武艺，样样精通。如果是狩猎，它则发挥追踪猎物的本领，利用嗅觉发现猎物，然后以敏捷的速度迅速出击；如果是夜晚执勤，它则发挥自己优秀的听觉力，加强警戒周围的情况。总之，它就是个全能型人才。

● 吃软不吃硬的家伙

松狮犬是一种一旦认定就不会改变的家伙，所以它认主后别人再也别想指挥它。它只听主人一个人的指挥，如果想要强行令它执行指令，它则罢工。如果想让它帮忙，那么你在平时就要实行"水磨大法"，平时多接触它并和它多交流，沟通感情，渐渐融洽，这时你要求助的话，也许它会考虑答应。松狮犬就是一个吃软不吃硬的家伙，如果它轻易答应你的要求，那它会觉得没自尊，再说也对主人不尊重。主人无论何时在它心中都是第一位的！

● 法眼

松狮犬比较好静，天性保守。虽然它的视力范围有限，但是只要在这个范围内，它总能很快地洞悉别人的想法，所以在它面前千万不要有情绪化。它能从猥琐的眼神中看出你内心的胆怯，也能从动作中看出你的侵犯，它也会根据具体情况迅速做出是防守还是攻击的判断。

动物档案

苏俄猎狼犬

栖息地：俄罗斯

体型：大型犬

优秀的双面"人"

苏俄猎狼犬脑袋呈圆拱形，比较长而且狭窄，和罗马鼻比较相似。鼻镜黑且大。双耳较小，略微向后倾斜。休息的时候，耳朵自然下垂。眼睛颜色比较深，略倾斜。颈部整洁，喉部没有赘肉，肩胛有些倾斜，既不显粗糙，也不显笨拙。腰部肌肉发达，后躯比较长。尾巴较长，自然下垂。体色没有特别要求，任何颜色都可以。

● 医院的爱心志愿者

苏俄猎狼犬文静高雅，斯文有礼，喜欢被家人疼爱，也喜欢付出爱。因此，它经常工作在医院和疗养院，那里有许多人需要它的关爱。在疗养院中，寂寞的老人总是无奈地躺在床上，因为他们不能动。在老人睡觉的时候，苏俄猎狼犬也躺在柔软的床上休息，不过还是会警惕。等到老人一醒，它也马上精神起来。如果发现今天老人精神不错，它会兴奋地进行表演；老人不好时，它会帮助按铃叫护士。

● 生活中的变相怪杰

很难想象，高大纤细、举止优雅的苏俄猎狼犬会在生活中一会儿扮演小丑、一会儿扮演王子。它对人非常有礼貌，平时都是安安静静地，很少吠叫，活动时又非常活泼。平时对主人没有过多的要求，可是当主人对它有要求时，它总是坚决完成。当主人不开心时，它扮小丑样逗主人高兴；当主人开心时，它则要做王子拯救主人于危难中。

●我的玩具都在户外

研究人员发现，苏俄猎狼犬是很喜欢和别的狗狗做朋友。可是，它对那些毛茸茸的小猫和小狗却有些特别。事实证明，它把这些小家伙完全当成了玩具。其实，这是苏俄猎狼犬的潜意识活动，是它的本能。因为它们的祖辈主要是靠捕猎为生，这种捕捉活的动物的能力一直潜藏在它的血液当中。不过，它的这种现象大多数出现在户外，因为比较有狩猎的氛围，而在室内则很少出现这样的状况。

●冬季到室外去看雪

苏俄猎狼犬很喜欢在室外活动，尤其是气温低的时候。要是下雪的话，它会更加兴致勃勃。寒冷的天气，它的许多同类朋友都不喜欢出来，可是它却有秘密武器，这也是它喜欢在大冷天往外跑的原因。在它的被毛下面还有一层"保暖内衣"，双层被毛让它能忍耐住常人不能忍的温度。所以，它才会在寒冷的天气条件下悠闲自在。

●高效的学习能力

聪明的苏俄猎狼犬，在训练班上总是比别人学得快。比如训练师让它们学习开门，或是打开垃圾桶。苏俄猎狼犬先是认真地看训练师表演，然后它再模仿训练师的每一个动作，几遍之后它就能找到里面的窍门，然后迅速完成训练。

动物档案

万能梗

栖息地：约克夏郡

体型：大型犬

天生的游泳高手

万能梗的头部比较均匀，眼睛比较小，耳朵呈V型，前脸较深。鼻子为黑色，大小适中。颈部长度适中，皮肤紧紧贴在身上，并不松弛。肩部比较长，略向背部倾斜。身体较短，但十分强壮。尾部上翘，但并不卷曲。体色有黑色或暗灰色。

●克服出来的高水平

万能梗身体强壮，活力非凡，特别喜爱游泳，也非常享受在水里的生活。万能梗不是天生对水就有好感，主人经常带它到水里去捕捉水獭，这就需要万能梗的水性要好。而不善长此项运动的万能梗，只能去学习。初见水的时候，还会对水产生畏惧的心理，可是通过在水中和主人做互动小游戏，慢慢地，畏惧心理变好了，并开始喜欢上这项运动。经过辛苦的训练，它最终能在水中轻松完成主人交给的任务。

●一山不容二狗

万能梗个性很强，可以说非常顽固。如果它的主人在下班后带回家一个新的同类伙伴，它会变得很不易相处，有时甚至会发生攻击行为。这是因为它强烈意识到自己将被主人冷落，主人将不再是它的了。为了更完全得到主人的关心和爱护，那只有对同类朋友说抱歉了。

●轻伤不下战场

万能梗曾经参加过世界大战，还因为勇敢的表现受到过许多荣誉。它们在战场上主要是为陆军的主人进行守卫和传令。因为，万能梗对环境的接受能力强，反应也灵活，所以它能在激烈的环境中找到安全线路，并将命令传达给人。当然，在守卫或是执行传令任务时，受伤总是在所难免的，但是它能忍受伤痛直到完成任务。如果，下次还有任务，它还是会欣然领命的。受伤，不怕，毕竟受伤总是难免的，责任重于泰山。

动物档案

威尔斯柯基犬

栖息地：英国

体型：中型犬

倍受英国王室喜爱的宠物

威尔斯柯基犬的头部比较精致，不会太大也不会太笨重，和其他部分很协调。眼睛适中，但并不凸出，眼圈为黑色，眼角比较清晰。双眼的间距比较大，和披毛的颜色很是匹配。眼睛为蓝色，或者一只蓝色、一只黑色。双耳比较大，比较显眼。鼻镜为黑色，颈部长度适中，线条优美，四肢肌肉比较发达。尾巴上举，和地面平行。体色主要为不同深浅的红色、深褐色或带有斑纹的颜色。

● 我是称职的牛倌

威尔斯柯基犬的动作非常敏捷，精力也非常旺盛，这为它的工作提供了很大的帮助。因为，主人给它的新任务是牛倌。要做牛老大可不是件轻松的事情，因为牛大哥虽比羊小弟豪气很多，但脾气也是出奇的坏，一不小心就可能把自己气个好歹。于是，它苦练速度、耐力、追踪等基本功。只有基础扎实才能胜得过牛大哥。

● 玩也要要讲究地点和原则

威尔斯柯基犬天生爱运动，每天都需要大量的运动。精力充沛的威尔斯柯基犬虽然在外面疯跑疯玩，但是回到家中就会表现得非常得体，很少在家里上蹿下跳，非常理智。这是因为：它发现家里的空间有限，即使闹腾也闹腾不开。另一方面就是它折腾完主人还得收拾，且主人会非常不高兴。因此，它每天在家里就做一些静态游戏，到了室外才放开了大玩儿。此时不玩，更待何时！

● 高举的"旗帜"

　　研究人员发现，活泼开朗的威尔斯柯基犬。当表达自己高兴的心情时会向上举起尾巴。如果威尔斯柯基犬在外抓到了进入农场的盗贼，等看到主人往这里来的身影时，马上会兴奋地举起尾巴，这是在告诉主人它现在的心情，同时也是期待主人能表扬它一番，这会让它异常兴奋地摇起尾巴。这明显就是寻求表扬的大旗嘛！

动物档案

威尔斯跳猎犬

栖息地：英国

体型：中型犬

捕猎能手

威尔斯跳猎犬的头部比较独特，它和其他犬类并不一样。头部长度适中，略微圆拱。眼睛呈杏仁状，中等大小，颜色为褐色。双耳的位置和眼睛处于同一水平线上，形状好像葡萄叶子。颈部比较长，并且略微圆拱。背部线条水平，肌肉比较发达，臀部有些圆弧形。需要断尾。体色为红色和白色，只能是这两者的掺杂色。

● 沼泽地里的精灵

威尔斯跳猎犬的耐力极强，能在恶劣的气候条件下顺利地完成工作。人们发现，它敢在冰冷的沼泽地中驱赶猎物的原因，是因为它厚厚的被毛。它正是利用自身条件，才敢大胆地闯入沼泽地。"我有皮毛大氅，我一点儿都不怕。"

● 不卑不亢的参赛者

威尔斯跳猎犬对待人类和同类是友善的，气氛也非常融洽。威尔斯跳猎犬的主人带着它去参加比赛，它在要面对陌生的对手、裁判和现场的观众时，表现得非常棒。它在主人的指示下沉着冷静地完成每一个动作，在面对裁判的时候，不卑不亢，大大方方。

●有努力才会有认可

别看威尔斯跳猎犬强壮有力，其实内心很脆弱。如果它曾被遗弃过，那这就是它心里永远的痛，虽然现有的主人对它非常好，可它还是要每天反省自己。当它面对主人时，也会更加努力。努力工作、努力取得主人的认可，因为它知道只有如此才不会被再次遗弃。尤其是当主人夸奖或奖励它的时候，它会表现得非常兴奋，因为这表明它真的很有用，主人也很喜欢它。

动物档案

威玛猎犬

栖息地：德国

体型：中型犬

贵族中的模范

威玛猎犬头部大小适中，鼻孔很精致，皮肤紧绷，颈部线条干净利落，很是优美。双耳比较长，和树叶形状很像。双眼的颜色不一，有琥珀色、灰色，也有蓝灰色。双眼之间的间距比较大，分布较好。鼻镜为灰色，身体长度适中，背部线条比较直，身体非常结实。体色多为纯白色。

● 足以牢记的"监狱"式惩罚

威玛猎犬因为郁闷而把家里的家具乱咬了一通，结果被下班回家的主人发现，主人非常生气，就把它关到小窝里。其实，它也非常不高兴，它寂寞无聊嘛！可是等了一天，主人还是没有给它开门；第二天也没有，它意识到自己真的错了；等到第三天开门时，它用既担心又害怕的表情望着主人，眼神里满是乞求，要想主人心软就要这样先示弱才行。果然，主人只是很严肃地批评了它一顿，并且不准再如此。它猛伸舌头舔主人的脸和手一再表示："再也不敢了，一次就够了。"

● 从前线退回的威玛

威玛猎犬以前是被用来猎狼、山猪、熊等大型野兽，后来则逐渐地从前线回到后方，主要担任追踪、运回等工作。因为它的速度非常快，头脑又聪明，它总是能在很短的时间内完成追踪工作。同时，它的良好耐力也为运回工作提供了好条件。

●给工作才是给信任

优雅的威玛猎犬与人类非常亲近，它渴望成为家庭中的一个成员。如果家庭成员有愿意给它工作的，它对这个人会非常热情，关系也会变得更加亲近。具体表现为，时不时地趴在你的脚边，你下班时对你会非常热情，平时也愿意跟你一起玩耍，等等。这些都是因为信任你的缘故。在它的思想里，你给它工作就说明你信任它，所以它也选择信任你。

动物档案

西伯利亚雪橇犬

栖息地：俄罗斯西伯利亚

体型：中型犬

外表冷酷的神经质

西伯利亚雪橇犬眼睛的颜色为棕色、浅褐色或蓝色。双耳呈三角形，毛发要比较浓密。尾部犹如毛刷一样，和狐狸的尾巴比较相似。西伯利亚雪撬犬的鼻子都是潮湿的，这是因为它们的鼻子会褪色。颈部长度适中，背部线条较直，背部强壮。体色为白色、棕色、黑色等三种颜色。

●寻找熟悉的安全感

当西伯利亚雪橇犬从出生地送到一个全然陌生的环境后，它外表很冷酷，内心很慌张，它会用吠叫或沉默或绝食等来表现自己的恐惧。不过，当它发现这些小动作都不能让现在的主人把它送回原来的家时，它会选择以前和母亲经常一起吃的食物来获得安全感，以便放松自己紧张的心情，渐渐地融入新生活当中。

●马路上的可怜虫

经常与主人一同外出的西伯利亚雪橇犬从来不怕轰鸣着的车子，每次过马路也不横冲直撞，它知道自己不是这些家伙的对手，可它有它的办法。它先是快速地走到马路的边缘，边走边把高昂的头和翘起的尾巴放下，变成低垂状。两只耳朵也收敛半垂，双眼半闭；然后，可怜兮兮地站在那儿卖乖。路过的车辆看到这样的情景，很快明白这只狗是想过马路可是又害怕不敢过。大家都是好心人，车在路过它时车速都会有所下降。等它看到车辆少、车速又慢的时候，西伯利亚雪橇犬瞅准时机，以"我闪"、"我躲"之速穿过马路。你再看它哪里还有乖巧的模样，它正摇头晃脑地跟主人示意呢！

●神经质般的表达方式

西伯利亚雪橇犬在家特别依赖主人，在外可以说有点儿神经质，特别是雌性西伯利亚雪橇犬。它们总是会做出一些令主人崩溃或莫名其妙的事情，比如先是在屋子里上窜下跳，接着又原地转圈；又如本来在马路上好好走着，突然跑去啃青草然后又开始狂奔，等等。有人就说它们这是神经病，其实这是它们表达心情的方式，它们高兴不已就要通过特殊的举动表达出来，让你知道，这点跟它们的老祖宗地狼族还真是很像呢！

●我的热情好像一把火

西伯利亚雪橇犬的热情绝对是冬天里的一把火，可以把人融化掉。西伯利亚雪橇犬精力极其旺盛，它特别喜欢跟主人一起玩儿，可是主人只有周末才会陪它，所以它记周末记得很清楚。等到周末早上它在主人还没睡醒的时候，就会叼着球跳上主人的床。看到主人还没有清醒，它就瞬间把主人舔得满脸的口水，直到把主人折磨醒为止。就是想不跟它玩儿都不行，并且在玩儿的时候，还要时时关注它，要不然不知什么时候就会突然飞奔过来，腾空跳跃般把你扑倒，接着又是新一轮口水大战。

动物档案

西藏梗

栖息地：中国西藏

体型：小型犬

幸运的使者

西藏梗的体格和梗犬十分相似，不过却不具有梗犬的性格。为了能够适应西藏严酷的自然环境，它们全身长满了具有保温功效的长毛。这层长毛的质地非常好，为双重毛，上毛比较粗，下毛为羊毛状。毛色通常为巧克力色、红褐色之外的其他颜色。除了"外衣"比较厚实之外，它们还有"雪鞋"般的独特脚型。

● 这身毛可不是白长的

西藏梗主要生活在拉萨，那里气候变化明显。但是，西藏梗却可以在此自如地生活。西藏梗在冬天极冷时，它可以身披华丽丰厚的双层被毛，脚部也有毛覆盖，可以让它在硬地行走而不冷。同时，它脸部的被毛也很丰富，并且在眼前遮挡处有一个保温的毛帘。保护眼睛，以免眼睛被冻伤。夏天极热时，西藏梗可以通过打盹进行休息，而它的双层被毛也可以帮它隔绝高温。

● 内心平静才是生存的基础

生性聪明的西藏梗，很容易明白主人的意思。你看它是一只小狗的样子，可是它的个性却完全像一只大型的狗狗。它跟主人在一起的时候，总是表现出强烈的保护欲望。对待人们和同类总是很宽容、友善，内心也非常平静，不会感到寂寞。这样的个性让它能更好地在高原这样恶劣的气候条件下生存。

●身体好才是永久的前提

西藏梗跟其他同类不同，它既不是护门犬也不是牧羊犬，只是陪在人们的身边。为了更长久的陪伴，身体就显得尤为重要。它的被毛就是其中最重要的，所以它对此也特别关注。几乎每天都要整理一遍，每个星期还要按时洗一次澡。如果主人没有按时给它整理被毛，洗澡，它会主动提醒，直到主人答应。